历法

中国文化百科

万年历法源流

牛 月 编著 胡元斌 丛书主编

汕頭大學出版社

图书在版编目（CIP）数据

历法：万年历法源流 / 牛月编著. -- 汕头：汕头
大学出版社，2015.2 （2020.1重印）
（中国文化百科 / 胡元斌主编）
ISBN 978-7-5658-1621-5

Ⅰ．①历… Ⅱ．①牛… Ⅲ．①古历法-介绍-中国
Ⅳ．①P194.3

中国版本图书馆CIP数据核字(2015)第020783号

历法：万年历法源流　　　　　　　LIFA：WANNIAN LIFA YUANLIU

编　　著：牛　月
丛书主编：胡元斌
责任编辑：邹　峰
封面设计：大华文苑
责任技编：黄东生
出版发行：汕头大学出版社
　　　　　广东省汕头市大学路243号汕头大学校园内　邮政编码：515063
电　　话：0754-82904613
印　　刷：三河市燕春印务有限公司
开　　本：700mm×1000mm　1/16
印　　张：7
字　　数：50千字
版　　次：2015年2月第1版
印　　次：2020年1月第2次印刷
定　　价：29.80元
ISBN 978-7-5658-1621-5

前言

中华文化也叫华夏文化、华夏文明，是中国各民族文化的总称，是中华文明在发展过程中汇集而成的一种反映民族特质和风貌的民族文化，是中华民族历史上各种物态文化、精神文化、行为文化等方面的总体表现。

中华文化是居住在中国地域内的中华民族及其祖先所创造的、为中华民族世世代代所继承发展的、具有鲜明民族特色而内涵博大精深的传统优良文化，历史十分悠久，流传非常广泛，在世界上拥有巨大的影响。

中华文化源远流长，最直接的源头是黄河文化与长江文化，这两大文化浪涛经过千百年冲刷洗礼和不断交流、融合以及沉淀，最终形成了求同存异、兼收并蓄的中华文化。千百年来，中华文化薪火相传，一脉相承，是世界上唯一五千年绵延不绝从没中断的古老文化，并始终充满了生机与活力，这充分展现了中华文化顽强的生命力。

中华文化的顽强生命力，已经深深熔铸到我们的创造力和凝聚力中，是我们民族的基因。中华民族的精神，也已深深植根于绵延数千年的优秀文化传统之中，是我们的精神家园。总之，中国文化博大精深，是中华各族人民五千年来创造、传承下来的物质文明和精神文明的总和，其内容包罗万象，浩若星汉，具有很强文化纵深，蕴含丰富宝藏。

中华文化主要包括文明悠久的历史形态、持续发展的古代经济、特色鲜明的书法绘画、美轮美奂的古典工艺、异彩纷呈的文学艺术、欢乐祥和的歌舞娱乐、独具特色的语言文字、匠心独运的国宝器物、辉煌灿烂的科技发明、得天独厚的壮丽河山，等等，充分显示了中华民族厚重的文化底蕴和强大的民族凝聚力，风华独具，自成一体，规模宏大，底蕴悠远，具有永恒的生命力和传世价值。

在新的世纪，我们要实现中华民族的复兴，首先就要继承和发展五千年来优秀的、光明的、先进的、科学的、文明的和令人自豪的文化遗产，融合古今中外一切文化精华，构建具有中国特色的现代民族文化，向世界和未来展示中华民族的文化力量、文化价值、文化形态与文化风采，实现我们伟大的"中国梦"。

习近平总书记说："中华文化源远流长，积淀着中华民族最深层的精神追求，代表着中华民族独特的精神标识，为中华民族生生不息、发展壮大提供了丰厚滋养。中华传统美德是中华文化精髓，蕴含着丰富的思想道德资源。不忘本来才能开辟未来，善于继承才能更好创新。对历史文化特别是先人传承下来的价值理念和道德规范，要坚持古为今用、推陈出新，有鉴别地加以对待，有扬弃地予以继承，努力用中华民族创造的一切精神财富来以文化人、以文育人。"

为此，在有关部门和专家指导下，我们收集整理了大量古今资料和最新研究成果，特别编撰了本套《中国文化百科》。本套书包括了中国文化的各个方面，充分显示了中华民族厚重文化底蕴和强大民族凝聚力，具有极强的系统性、广博性和规模性。

本套作品根据中华文化形态的结构模式，共分为10套，每套冠以具有丰富内涵的套书名。再以归类细分的形式或约定俗成的说法，每套分为10册，每册冠以别具深意的主标题书名和明确直观的副标题书名。每套自成体系，每册相互补充，横向开拓，纵向深入，全景式反映了整个中华文化的博大规模，凝聚性体现了整个中华文化的厚重精深，可以说是全面展现中华文化的大博览。因此，非常适合广大读者阅读和珍藏，也非常适合各级图书馆装备和陈列。

目 录

传统历法

计时制度

岁时文化

传统历法

　　历法是指推算年、月、日、时的长度和它们相互之间的关系，制定时间顺序的方法。我国是世界上最早发明历法的国家之一，历法对我国经济、文化的发展有着深远的影响。

　　农历属于阴阳合历，它集阴、阳两历的特点于一身，也被称为阴阳历。事实上，一本历书，除了反映天文地理自然规律外，上面刻画的是另一张"时间之网"。

　　这张时间之网，是与我国的传统文化融在一起，是我国古人看天、看地、看万事万物的态度的结晶，反映了古人的自然观。

虞喜发现岁差与制定历法

岁差，在天文学中是指一个天体的自转轴指向因为重力作用导致在空间中缓慢而且连续的变化。晋代天文学家虞喜发现了岁差，并推算出冬至点每50年后退1度，在当时世界上处于领先地位。

岁差的发现并推算出精确数值，对我国历法的制定具有重要意义。后世历法都引进这一成果，使我国历法中的岁差值日趋精确。

北京古观象台模型

在西晋时期的某一个夜晚，会稽郡的天空星光璀璨，一颗颗明亮的星星远在天边，又仿佛近在咫尺。在会稽郡余姚县的一座观星楼上，站着一名宽袍大袖、身形潇洒的男子，神情却是庄严肃穆，正抬头专注地观察着星空。

这个姿势好似亘古不变，眼神里有一种痴迷与执著。日复一日，年复一年，他就这样观察着星空，又不断地在星图上画下新的记号。

他就是东晋天文学家虞喜，我国最早发现岁差的人。虞喜博学好古，一生以做学问为最大乐趣。他治学敢于突破樊篱，不受前人观点束缚，以打破常规的方式发现了岁差，并求出了比较精确的岁差值。

岁差是地轴运动引起春分点向西缓慢运行而使回归年比恒星年短的现象。

岁差分日月岁差和行星岁差两种：前者由月球和太阳的引力产生的地轴运动引起；后者由行星引力产生的黄道面变动引起。

早在公元前2世纪，古希腊天文学家喜帕恰斯通过比较恒星古今位置的差异，发现了春分点每100年西移一度的岁差现象。

随着天文学的逐渐发展，我国古代科学家们也渐渐发现了岁差的现象。

西汉时期的官员邓平，东汉时期的大儒刘歆、天文学家贾逵等人，都曾观测出冬至点后移的现象，不过他们都还没有明确地指出岁差的存在。至东晋初期，天文学家虞喜才开始肯定岁差现象的存在，并且首先主张在历法中引入岁差。

虞喜通过与喜帕恰斯不同的途径独立发现了岁差现象。虞喜把古今对冬至中天星宿的观察记录做了对比，发现唐尧时期冬至黄昏中天星宿为昴宿，而2700年之后的西晋时期，冬至黄昏中天星宿却在东璧。对于这种变迁的原因，虞喜明确地把它归结为冬至点连续不断地西移，也就是冬至太阳所在的位置逐渐偏西造成的。

从冬至点不断地西移，虞喜进而悟到，今年冬至太阳在某宿度，可是到了明年太阳并没有回归到原来的宿度，这样每隔一年，稍微有差。因此，虞喜把一回归年太阳走过的路程小于一周天的现象称为"岁差"。

天体的引力导致地球潮汐，潮汐导致地球差异旋转，地球差异旋转导致岁差。虞喜当时虽然不知道也不可能了解这些道理，但是他从古代冬至点位置实测数据发生西退现象的分析中，得出了太阳一周天并非冬至一周年结论。这就发现了回归年同恒星年的区别所在。

虞喜不仅是我国第一个发现岁差的人，他还经过无数次计算，推算出岁差的具体数值。

虞喜根据《尧典》记载的唐尧时期到他所处的晋代，相隔2700余年，冬至黄昏中星经历了昴、胃、娄、奎4个宿共53度，由此求得岁差值为约50年退一度。

由于虞喜所用的古代观察值取自传说时代，时间区也未必与冬至昴宿中天的时代相合，所以得出的结果与欧洲人沿用1000多年的每100年差一度的数值相比，已经精确了很多。

虞喜发现岁差后，立即得到南朝时期的两位天文学家何承天和祖冲之的承认和应用。祖冲之把岁差应用到《大明历》中，在天文历法史上是一个创举，为我国历法的改进揭开了新的一页。

"岁差"是天文学中比较深一层次的内容，因为这种体现在复杂的地球运动中的现象，以常人不易察觉的方式在表现着，往往一代人甚至几代人都没有感觉到。但对于研究历史进程的人来说，则是必须考虑的问题

虞喜用的是最原始的肉眼观察法，通过非常仔细的观察、记录和对比，再根据历史记录，将不同年

份同一日期中的星空天体位置做比较，发现微小的误差而去做深入的分析，最后得出来更接近于实际的结论。

自从虞喜发现岁差后，遇到了两次大讨论：一次是在南代刘宋大明年间；一次是在唐代初年。这两场关于岁差的辩论，实际上反映了当时科学和反科学、进步和保守两种势力的尖锐斗争。经过两次辩论，使得岁差之说深入人心，为我国古代天文学家公认。

事实上，地球绕日运行时间并非一个稳定的常数，岁差即非常数的偏差。虞喜发现并推算出岁差具体数值后，因为种种原因，以至于以后各朝代所发布资料不一，有人认为每45年差一度，也有人认为50年差一度，也有认为67年、82年。而在这个过程中，就有关于岁差的学术辩论成分。

我国对岁差的认知，直至明代，西方传教士东来，汤若望及利马窦等天文学家，将西方天文知识带入我国，此后，我国的天文历法起了巨大改变。

至清代颁布《时历象考成新编》，就是按西洋天文学的测量及计算方法，重新确定二十八宿位置，故称之为《时宪宿度》。

岁差的发现，是我国天文学史上的一件大事。虞喜对于岁差的研究的精确度，给了后人进行岁差研究相当高的比对价值。这个贡献，在历法编订中体现为岁差值日趋精确。

其实，虞喜发现岁差，是和他在宇宙理论研究方面取得的突破性进展分不开的。他对汉代以来的盖天说、浑天说、宣夜说进行分析比较，最后提出了自己的见解。

盖天说把天比作斗笠，把地比作反盖的盘子。

浑天说则认为，整个宇宙就像个鸡蛋，大地就像是蛋中的黄；天和地都是由气组成的，而且都是漂浮在水上。

在虞喜看来，宇宙是无边无际的，却也相对安定；天和地方圆之理；所有天体都有自己的运动周期，以自己的轨道运行，并不是附着在一个固定的球壳上。这一认识，既否定了天圆地方的盖天说，又批判了天球具有固体壳层的浑天说。

虞喜信仰主张宇宙无限的宣夜说，并予以继承和发展，这在天文学史上，占据了重要的地位。

正是这些宇宙理论研究成果，使虞喜能够站在一个新的历史高度来看待天体运动，最后取得了发现岁差这一重要成就。

虞喜发现岁差并推算出每50年差一度数值，虽然比古希腊的喜帕恰斯晚，却比喜帕恰斯每100年差一度的数值精确。而当时的欧洲，制历家们还在墨守成规地沿用百年差一度的岁差数据。两相比较，高下立现。

拓展阅读

虞喜博学好古、少年老成，年轻时就有很高声望，受到人们赞扬。他历经西晋数朝，一直为皇帝所看重。但他不愿做官，只喜欢一心研究学问。

在东晋皇帝晋明帝司马绍时期，虞喜被朝廷征召为博士，虞喜以生病为由推辞不赴任。后来，晋成帝司马衍时，下诏用散骑常侍之职征召，虞喜又未应命。

后来的几任皇帝都召他做官，先后竟达9次，但虞喜皆不应，被世人称为"大隐虞喜"。可见虞喜安贫乐道，一生唯做学问而已。

祖冲之测算回归年与历法

回归年是指太阳在运行中的周年视运动，表现为从南至北，又从北至南的回归性。在不同季节，每天正午仰视太阳在正南方位高度，会发现它是不一样的。

在我国古代历法中，回归年长度值和朔望月长度值是否准确，直接决定了历法的精度。因此古代天文历法家十分重视对这两个数值的测定，尤其是对回归年长度值的精确测定，我国天文历法家在这方面取得了突出成就。

462年，祖冲之把他精心编成的《大明历》送给朝廷，请求宋孝武帝公布实行。宋孝武帝命令懂得历法的官员对这部历法的优劣进行讨论。

在讨论过程中，祖冲之遭到了以戴法兴为代表的守旧势力的反对。戴法兴是宋孝武帝的亲信大臣，很有权势。由于他带头反对新历，朝廷大小官员也随声附和，大家不赞成改变历法。

祖冲之为了坚持自己的正确主张，理直气壮地同戴法兴展开了一场关于新历法优劣的激烈的辩论。

戴法兴首先上书皇帝，从古书中抬出古圣先贤的招牌来压制祖冲之。他说："冬至时的太阳总在一定的位置上，这是古圣先贤测定的，是万世不能改变的。"他还说："祖冲之以为冬至点每年有稍微移动，是诬蔑了天，违背了圣人的经典，是一种大逆不道的行为。"

戴法兴又把当时通行的19年7闰的历法，也说是古圣先贤所制定，永远不能更改。他甚至攻击祖冲之是浅陋的凡夫俗子，没有资格谈改革历法。

祖冲之对权贵势力的攻击丝毫没有惧色。他写了一篇有名的驳议。他根据古代的文献记载和当时观测太阳的记录，证明冬至点是有变动的。他指出：事实十分明白，怎么可以信古而疑今？

祖冲之又详细地举出多年来亲自观测冬至前后各天正午日影长短

的变化，精确地推算出冬至的日期和时刻，从此说明19年7闰是很不精密的。

他责问说："旧的历法不精确，难道还应当永远用下去，永远不许改革？谁要说《大明历》不好，应当拿出确凿的证据来。如果有证据，我愿受过。"

当时戴法兴指不出新历法到底有哪些缺点，于是就争论到日行快慢、日影长短、月行快慢等问题上去。祖冲之一项一项据理力争，都驳倒了他。

在祖冲之理直气壮的驳斥下，戴法兴没话可以答辩了，竟蛮不讲理地说："新历法再好也不能用。"

祖冲之并没有被戴法兴这种蛮横态度吓倒，却坚决地表示："绝不应该盲目迷信古人。既然发现了旧历法的缺点，又确定了新历法有许多优点，就应当改用新的。"

在这场大辩论中，许多大臣被祖冲之精辟透彻的理论说服了，但是他们因为畏惧戴法兴的权势，不敢替祖冲之说话。

最后，有一个叫巢尚之的大臣出来对祖冲之表示支持。他说："《大明历》是祖冲之多年研究的成果，根据《大明历》来推算元嘉十三年、十四年、二十八年、大明三年的4次月食都很准确，用旧历法推算的结果误差就很大，《大明历》既然由事实证明比较好，就应当采用。"

巢尚之所说的元嘉十三年、十四年、二十八年、大明三年，分别是436年、437年、451年和459年。

由于巢尚之言之凿凿，戴法兴彻底哑口无言了，祖冲之取得了最后胜利。宋孝武帝决定在大明九年，即465年改行新历。

谁知在新历颁行之前孝武帝去世了，接着政局发生动荡，改历这件事就被搁置起来。直至510年，新历才被正式采用，可是那时祖冲之已去世10年了。

《大明历》测定的每一回归年的天数，跟现代科学测定的相差只有50秒；测定月亮环行一周的天数，跟现代科学测定的相差不到1秒。可见它的精确程度了。

测定回归年的长度是历法的基础，它是直接决定历法精粗的重要因素之一。因此，我国古代天文历法家十分重视对回归年长度值的精确测定，而祖冲之在这方面作出了突出贡献。

回归年在历法中具有极其重要的特殊地位。任何一部历法，都得拿出自己的回归年数值，古人把它叫"岁实"。

岁实反映了太阳回归运动周期，因此，只要测出太阳在回归运动中连续两次过某一天文点的准确时间，就可以推算出回归年的长度来。换句话说，只要准确测出太阳到达某一地平高度的时间，就可以求出岁实来。

看来问题非常简单:要推算出回归年长度,只要用浑仪观测每天中午时太阳的地平高度就可以了。

可是,在实际操作中,此路却不通。日光耀目,使人不能直视,用直接观测法去测量太阳地平高度,很难办到。要测算回归年长度,必须另辟蹊径。古人选择了用圭表测影的科学方法。

圭表是古代用来计时的工具。相传从尧舜在春秋时期,我国已经利用圭表测影来计时了。

远古时的人们,日出而作,日没而息,从太阳每天有规律地东升西落,直观地感觉到了太阳与时间的关系,开始以太阳在天空中的位置来确定时间。但这很难精确。

据记载,3000多年前,西周丞相周公旦在河南登封县设置过一种以测定日影长度来确定时间的仪器,称为"圭表"。这当为世界上最早的计时器。

拓展阅读

圭表测时的精度是与表的长度成正比的。元代杰出的天文学家郭守敬在周公测时的地方设计并建造了一座测景台。

它由一座9.46米高的高台和从台体北壁凹槽里向北平铺的长长建筑组成,这个高台相当于坚固的表,平铺台北地面的是"量天尺"即石圭。这个硕大"圭表"使测量精度大大提高。

以郭守敬的"量天尺"测时,一直使用至明清时期,现在南京紫金山天文台的一具圭表,是明代正统年间建造的。

推算出天干地支与历法

天干地支，是古代人建历法时，为了方便六十进位而设出的符号。对我国古人而言，这些符号被赋予了很多意义。

由干支记录时间而产生的历法，谓之干支历法。干支历是以六十干支纪年月日时的一种方法，是属于我国所特有的历法。

由于我国人民长期使用干支纪年方法，更加突出了干支的作用。

相传在华夏人文始祖黄帝时期,九黎族部落首领蚩尤侵掠炎帝大片疆土,黄帝忧民之苦,遂与蚩尤展开"涿鹿之战"。经过几番苦战,黄帝还是没能治住蚩尤。

黄帝沐浴斋戒,筑高坛祀天,建方丘敬地,以求天地相助,战胜蚩尤,解除苍生之苦。

黄帝的虔诚感动了上苍和地祇,上苍降下甲乙丙丁戊己庚辛壬癸十天干,地祇生出子丑寅卯辰巳午未申酉戌亥十二地支,给他用于排兵布阵。

黄帝就将十天干圆布成天形,十二地支方布成地形,以干为天,支为地,组成天罗地网,终于战胜了蚩尤。

后来,黄帝登基时,命史官大挠氏探察天地之气机,探究金木水火土五行,用十天干和十二地支相互配合成六十甲子,将开国日定为甲子年、甲子月、甲子日、甲子时。同时,把天干地支引入历法,作为纪历的符号。这就是天干地支的由来。

大挠氏始作甲子,从此以后,天干地支在历法中的运用就延续

下来。大挠氏作甲子虽是传说，但从殷商的帝王名字如天乙、外丙、仲壬、太甲等来看，干支的来历必早于殷代，即在3500年之前便已出现了。

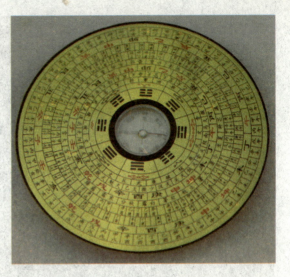

我国古代以天为"主"，以地为"从"。"天"和"干"互联叫作"天干"；"地"和"支"互联叫作"地支"，合起来就是"天干地支"。天干地支相当于树干和树叶，它们是一个互相依存、互相配合的整体。

古人观测朔望月，发现两个朔望月约是59天的概念。12个朔望月大体上是354天多，与后来的一个回归年的长度相近似，古人因此就得到了一年有12个月的概念。再搭配十天干日纪法，发展出现在的天干地支。它们都被赋予丰富的原始意义。

在十天干中，甲，像草林破土而萌，阳在内而被阴包裹，有万物冲破阻挠而出的含义；乙，象征草木初生，枝叶柔软屈曲伸长；丙，象征太阳和火光，万物皆炳然可见；丁，象征草木成长壮实，好比人的成丁；戊，象征大地草木茂盛；己，表示万物仰屈而起，有形可纪；庚，意为秋收而待来春；辛，表示万物肃然更改，秀实新成；壬，象征阳气潜伏地中，万物怀妊；癸，万物闭藏，怀妊地下，以待萌芽。

在十二地支中，子，表示草木萌生的开始；丑，表示草木将要冒出地面；寅，表示寒土中屈曲的草木，迎着春阳从地面伸展；卯，日

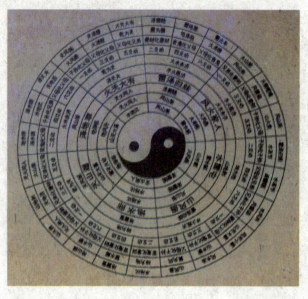

照东方，万物滋茂；辰，万物震起而生，阳气生发已经过半；巳，万物盛长而起，阴气消尽，纯阳无阴；午，万物丰满长大，阳起充盛，阴起开始萌生；未，果实成熟而有滋味；申，象征物体都已长成；酉，万物到这时开始收敛；戌，草木凋零，生气灭绝；亥，阴气劲杀万物，到此已达极点。

从十天干和十二地支的含义来看，它们与我国古代历法有着直接的关系。

作为以农业立国的国家，历法的制定其首要目的就是指导农业生产，天干地支所包含的意义，正是一年四季万物从生长到繁茂再到枯萎，然后又在枯萎中孕育着新的生长周期。这恰恰就是天干地支与历法结合的出发点。

历法中的天干地支除了用于显示万物生长周期，以指导农业生产外，还被古人用于计时。这其实也是天干地支的最初功能之一。

用干支纪时的历法称为干支历法，也称为"甲子历"或"甲子历法"。分为干支纪年、干支纪月、干支纪日、干支纪时。它是我国使用历史最悠久的一种历法。

起先，我们祖先仅是用天干来纪日，因为每月天数是以日进位的；用地支来纪月，因为一年10个月，正好用10位地支来相配。可是随之不久，人们感到单用天干纪日，每个月里仍然会有3天同一干，所以，便用一个天干和一个地支分别依次搭配起来的办法来纪日期。

比如《尚书·顾命》就有这样的记载：4月初，王的身体很不舒服。甲子这一天，王才沐发洗脸，太仆为王穿上礼服，王依在玉几上坐着。后来，这种干支纪日的办法就被渐渐引进了纪年、纪月和纪时了。

干支纪年法是我国农历用来计算年、月、日、时的方法，就是把每一个天干和地支按照一定的顺序而不重复地搭配起来，用来作为纪年、纪月、纪日、纪时的代号。

把"天干"中的一个字摆在前面，后面配上"地支"中的一个字，这样就构成一对干支。如果"天干"以"甲"字开始，"地支"以"子"字开始顺序组合，就可以得到60对干支。天干经6个循环，地支经5个循环正好是60，就叫作"六十干支"。

按照这样的顺序，每年用一对干支表示，60年一循环，叫作"六十花甲子"。这种纪年方法叫作"干支纪年法"，一直沿用至今。

关于干支纪月法，古代最初只有地支纪月法，规定每年各月固定用十二地支纪月，即把冬至所在的月定为"子月"，下一个月即为"丑月"，依此类推。

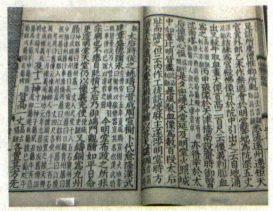

后来，这种方法发展为地支纪月配以天干组成六十甲子，从而发展为干支纪月法，以5年为一周，周而复始。据记载，我国至迟在汉代开始使用这种纪月方法。

干支纪月与农历月份的换算的方法为：若遇甲或乙的年份，正月是丙寅；遇上乙或庚之年，正月为戊寅；丙或辛之年正月为庚寅，丁或壬之年正为为壬寅，戊或癸之年正月为甲寅，以此类推。

正月之干支知道了，其余月可按六十甲子的顺序推知。

干支纪日法始于公元前720年2月10日。这是有确定的文献记载的。

干支纪日法是将60日大致合两个月一个周期；一个周期完了重复使用，周而复始，循环下去。

干支纪时法是60时辰合5日一个周期；一个周期完了重复使用，周而复始，循环下去。

干支纪年、纪月、纪日以及纪时法是我国独有的计算方式。

拓展阅读

关于天干地支的历来，古籍中有很多相关记载。《山海经·大荒经》记载的神仙帝俊生有二十二子就是一例。

据传说，远古神仙帝俊与妻子羲和生了10个太阳，住在树上，它们每天轮流值班。居上枝的就是值日的太阳，值一轮就是10天，即今天我们说的"一旬"。帝俊给这10个太阳取了10个名字，分别叫"甲乙丙丁戊己庚辛壬癸"，这就是十天干。

帝俊还有个妻子叫常仪，生了12个月亮，帝俊叫他们"子丑寅卯辰巳午未申酉戌亥"，这就是地支。

把十二生肖应用于历法

　　十二生肖，也被称为"十二年兽"，是由12种源于自然界的动物，即鼠、牛、虎、兔、蛇、马、羊、猴、鸡、狗、猪以及传说中的龙所组成，用于纪年。

　　我国以十二生肖应用在历法上，有12只年兽依次轮流当值，依次与十二地支相配，顺序排列为子鼠、丑牛、寅虎、卯兔、辰龙、巳蛇、午马、未羊、申猴、酉鸡、戌狗、亥猪。

据传说，天地未开时，混沌一片。于是，12只动物为了繁衍生息，它们按照自己天生的习性，开天辟地，开始了各自的行动。

子夜时分，鼠出来活动，将天地间的混沌状态咬出缝隙，"鼠咬天开"，所以子属鼠。

开天之后，接着要辟地。于是，勤劳的牛开始耕田，成为辟地的动物，因此丑时属牛。

寅时是人出生之时，有生必有死，置人于死地莫过于猛虎。寅又有敬畏之义，所以寅属虎。

卯时为日出之象，象征着火，内中所含之阴，就是月亮之精玉兔。这样，卯便属兔了。

辰时正值群龙行雨的时节，辰自然就属了龙。

巳时春草茂盛，正是蛇的好日子，如鱼儿得水一般。另外，巳时为上午，这时候蛇正归洞。因此，巳属蛇。

午是下午之时，阳气达到极端，阴气正在萌生。马这种动物，驰骋奔跑，四蹄腾空，但又不时踏地。腾空为阳，踏地为阴，马在阴阳之间跃进。所以，午成了马的属相。

未时是午后，是羊吃草最佳的时辰，容易上膘，此时为未时，故未属羊。

申时是日近西山，猿猴啼叫的时辰，并且猴子喜欢在此时伸臂跳跃，故而猴配申。

西为月亮出现之时，月亮里边藏着一点真阳。而鸡属于"发物"，就是它能够把热散出来，可以把火生发出来。因此，酉属鸡。

戌时为夜幕降临，狗正是守夜的家畜，也就与之结为戌狗。

亥时，天地间又浸入混沌一片的状态，如同果实包裹着果核那样。而猪是只知道吃的混混沌沌的动物，故此猪成了亥的属相。

上述传说中十二生肖的选用与排列，是根据动物每天的活动时间确定的。我国从汉代开始，便采用十二地支记录一天的12个时辰，每个时辰相当于两个小时。

我们知道，古人是根据太阳、地球、月亮自身及相互间的运动，最后才形成了年、月、日、时的概念。

而生肖作为一种记录时间的符号系统，用12种生肖动物形象地表示时间，可以纪年、纪月、纪日、纪时，后来成为了普遍被人们认同的生肖历法。

生肖计时是古代天文历法的一部分。我国历法中的生肖，其实涉及干支、二十四节气、四象二十八宿、阴阳八卦五行、黄道十二宫等诸多方面，包含着许多天文地理内容。

而其中的干支和二十四节气，应该说与历法的关系最大。

干支是天干地支的合称，是我国古代记录年、月、日、时的序数符号。干支与十二生肖关系密切，它比十二生肖更古老，是构成十二生肖的前提，并影响到十二生肖的形成。

所谓子鼠、丑牛、寅虎、卯兔、辰龙、巳蛇、午马、未羊、申猴、酉鸡、戌狗、亥猪，就是由十二地支与12种动物对应配合而得。

以十天干为主干，以十二地支为支脉，两两相配，以天干的单数配地支的单数，以天干的双数配地支的双数，天干在前，地支在后，不得颠倒相配，也不能天干之单数与地支之双数相配，组合为"干支"符号。

当前一个干支数到最后一个符号"癸亥"时，再接着数后一个

干支的头一个符号"甲子"。以此类推，首尾相接，周而复始，循环无穷。干支合用，在我国历史上广泛地用来纪年、纪月、纪日、纪时。

以生肖纪年。十二生肖与十二地支一一对应，即子鼠年、丑牛年、寅虎年、卯兔年、辰龙年、巳

蛇年、午马年、未羊年、申猴年、酉鸡年、戌狗年、亥猪年。在一个甲子中，每种生肖动物出现五次。

以生肖纪月。一年分为12个月，以虎月为岁首，正月为寅虎月，二月为卯兔月，三月为辰龙月，四月为巳蛇月，五月为午马月，六月为未羊月，七月为申猴月，八月为酉鸡月，九月为戌狗月，十月为亥猪月，十一月为子鼠月，十二月为丑牛月。

以生肖纪日，是在干支纪日的基础上发展变化的结果。干支纪日以60日为一个周期，每种组合代表一天，即甲子日之后为乙丑日、丙寅日、丁卯日……直至癸亥日，又从甲子日开始循环。

彝族的生肖纪日以虎日为首，即虎日、兔日、龙日、蛇日、马日、羊日、猴日、鸡日、狗日、猪日、鼠日、牛日，以后以此类推。

以生肖纪时。农历每天有12个时辰，与十二地支一一对应，即子时、丑时、寅时、卯时、辰时、巳时、午时、未时、申时、酉时、戌时、亥时。每个时辰相当于现在的两个小时。

用形象化的动物纪年、纪月、纪日、纪时，远比干支纪时法简便，也更易于流传。时至今日，人们还保留着用属相来表示年龄的习俗，生肖文化深深地根植在人们的生活之中。

十二生肖可以纪月，而二十四节气是适应农时的需要而产生的，也可以纪月，但分得更细，如立春、雨水、惊蛰等，而且每个节气都有特定的意义，说明日地关系、气候条件和万物的变化。

有些节气反映了太阳与地球间相对角度的变化，有些节气反映了雨雪霜露等气候条件的变化，有些节气反映了植物生长、动物活动等物候条件的变化。

在我国古代，二十四节气所反映的是黄河流域的农事和气候状况。气候变化不仅与植物的生长有关，也与动物的生长、发育和活动情况密切相关。

因此，二十四节气既对人的活动和生长有很大影响，也对鼠、牛、虎、兔、龙、蛇、马、羊、猴、鸡、狗、猪这十二生肖动物的活动有很大影响。

一年有24个节气，一个月内一般有一节一气。每两节气相距时间平均约为三十又十分之四天，而农历每月的日数为29天半，所以约每34个月，必然出现有两月仅有节而无气、及有气而无节的情况。

有节无气的月份就是农历的闰月，有气无节的月份不是闰月。从生肖纪月的角度来看，每个生肖月一般对应两个节气。

十二生肖与二十四节气相配，就形成了这样一组对应关系：

正月寅虎对立春和雨水；二月卯兔对惊蛰和春分；三月辰龙对清明和谷雨；四月巳蛇对立夏和小满；五月午马对芒种和夏至；六月未羊对小暑和大暑；七月申猴对立秋和处暑；八月酉鸡对白露和秋分；九月戌狗对寒露和霜降；十月亥猪对立冬和小雪；十一月子鼠对大雪和冬至；十二月丑牛对小寒和大寒。

至于选择了12种动物作为代替十二地支的符号，又源于古人的动物崇拜心理。

拓展阅读

相传有一天，玉帝准备选出12个动物做属相看守十二地支，于是发布通告要求动物们第二天早晨去泰山报名。

这个重大的消息很快就被猫知道了，可是由于猫一向好吃懒做，于是就央求自己的好朋友老鼠帮他去报名。

玉帝问老鼠有什么本领，老鼠灵机一动，一下钻进了玉帝的袖子里。玉帝以为老鼠会隐身术，便让老鼠做了第一名。

后来，猫知道老鼠没有帮他报名，大发雷霆，发誓把老鼠当仇敌。从此，猫一见到老鼠都要扑过去咬它。

独创二十四节气与历法

农历二十四节气，是自立春至大寒共24个节气，以表征一年中季节、气候等与农业生产的关系。它是我国古人的独创。

农历二十四节气作为一部完整的农业气候历，综合了天文、气象及农作物生长特点等多方面知识，比较准确地反映了一年中的自然力特征，所以至今仍然在农业生产中使用，受到广大农民的喜爱。

　　自古以来，立春时皇朝与民间都有很多祭祀、庆贺活动，除大家熟知的啃萝卜、吃春饼外，还有打春牛。

　　立春日前一天，先把用泥土塑造的土牛放在县城东门外，其旁要立一个携带农具挥鞭的假人作"耕夫"，以示春令已到来，农事宜提前准备。

　　立春日当天，官府要奉上供品于芒神、土牛前，于正午时举行隆重的"打牛"仪式。吏民击鼓，官员执红绿鞭或柳枝鞭打土牛3下，然后交给下属及农民轮流鞭打。

　　打春牛头象征吉祥，打春牛腰象征五谷丰登，打春牛尾象征四季平安。无论鞭打春牛的哪个位置，都象征着驱寒和春耕的开始，把土牛打得越碎越好。

　　随后，人们要抢土牛的土块，带回家放入牲圈，象征兴旺。当天如天晴则预示着丰收，若遇雨则预示年景不佳。

另外,至今有些农村仍延续着古老的习俗,即由一个人手敲小锣鼓,唱迎春的赞词,挨家挨户送上一张红色春牛图,图上印有二十四节气和一个人手牵着牛在耕地,人们称其为"春帖子"。

立春是二十四节气的第一个节气。上述这个习俗说明,立春在我国农耕文化中占有重要地位。

二十四节气是我国古代订立的一种用来指导农事的补充历法,是在春秋战国时期形成的。

二十四节气起源于黄河流域。为了充分反映季节气候的变化,古代天文学家早在周代和春秋时期就用"土圭"测日影来确定春分、夏至、秋分、冬至,并根据一年内太阳在黄道上的位置变化和引起的地面气候的演变次序,将全年平分为24等份,并给每个等份起名,这就是二十四节气的由来。

西汉时期淮南王刘安著的《淮南子》一书里就有完整的二十四节

气记载了。由西汉民间天文学家落下闳组织编制的《太初历》，正式把二十四节气定于历法，明确了二十四节气的天文位置。

二十四节气是一直深受农民重视的"农业气候历"，自从西汉时期起，二十四节气历代沿用，指导农业生产不违农时，按节气安排农活，进行播种、田间管理和收获等农事活动。

由于我国农历是根据太阳和月亮的运行制订的，因此不能完全反映太阳运行周期。我国是一个农业社会，农业需要严格了解太阳运行情况，农事完全根据太阳进行，所以在历法中又加入了单独反映太阳运行周期的"二十四节气"，用作确定闰月的标准。

二十四节气是根据太阳在黄道上的位置来划分的。它按天文、气候和农业生产的季节性赋予有特征意义的名称，即：立春、雨水、惊蛰、春分、清明、谷雨、立夏、小满、芒种、夏至、小暑、大暑、立秋、处暑、白露、秋分、寒露、霜降、立冬、小雪、大雪、冬至、小寒、大寒。

立春是二十四节气中的第一个节气，是春季开始的标志。每年农历2月4日或5日，太阳到达黄经315度时为立春。自秦代以来，我国就一直以立春作为春季的开始。

立春又叫"打春"，就是冬至数九后的第六个"九"开始，所以有"春打六九头"之说，农谚更有"宁舍一锭金，不舍一年春"、"一年之计在于春"的说法。时至立春，人们会明显感觉到白天变长了，太阳也暖和多了，气温、日照、降水开始趋于上升。

我国古代将立春分为三候："一候东风解冻；二候蛰虫始振；三候鱼陟负冰。"

说的是东风送暖，大地开始解冻。立春5日后，蛰居的虫类慢慢在洞中苏醒，再过5日，河里的冰开始融化，鱼开始到水面上游动，此时水面上还有没完全融解的碎冰片，如同被鱼负着冰一般浮在水面。

雨水是二十四节气中的第二个节气。每年2月19日或20日视太阳到达黄经330度时为雨水。

雨水时节，大气环流处于调整阶段，全国各地气候特点，总的趋势由冬末的寒冷向初春的温暖过渡。

我国古代将雨水分为三候："一候獭祭鱼；二候鸿雁来；三候草木萌动。"

此节气，水獭开始捕鱼了，将鱼摆在岸边如同先祭后食的样子；5天过后，大雁开始从南方飞回北方；再过5天，在"润物细无声"的春雨中，草木随地中阳气的上腾而开始抽出嫩芽。从此，大地渐渐开始呈现出一派欣欣向荣的景象。

惊蛰的时间在每年3月5日或6日，太阳位置到达黄经345度。

惊蛰时节，气温回升较快，长江流域大部地区已渐有春雷。我国南方大部分地区，常年雨水、惊蛰也可闻春雷初鸣；而华北西北部除了个别年份以外，一般要到清明才有雷声，为我国南方大部分地区雷暴开始最晚的地区。

我国古代将惊蛰分为三候："一候桃始华；二候仓庚鸣；三候鹰化为鸠。"

描述已是进入仲春，桃花红、梨花白，黄莺鸣叫、燕飞来的时节。按照一般气候规律，惊蛰前后各地天气已开始转暖，雨水渐多，大部分地区都已进入了春耕。

春分在古时又称为日中、日夜分，是反映四季变化的节气之一。在每年的3月20日或21日，太阳到达黄经0度时为春分。

春分节气，东亚大槽明显减弱，西风带槽脊活动明显增多，内蒙古至东北地区常有低压活动和气旋发展，低压移动引导冷空气南下，北方地区多大风和扬沙天气。当长波槽东移，受冷暖气团交汇影响，会出现连续阴雨和倒春寒天气。

我国古代将春分分为三候："一候元鸟至；二候雷乃发声；三候始电。"

便是说春分日后，燕子便从南方飞来了，下雨时天空便要打雷并发出闪电。

清明是二十四节气中第五个节气，在每年的4月4日或5日，太阳到达黄经15度时为清明。清明时节，除东北与西北地区外，我国大部分地区的日平均气温已升到12度以上，大江南北直至长城内外，到处是一片繁忙的春耕景象。

我国古代将清明分为三候："一候桐始华；二候田鼠化为鹌；三

候虹始见。"

　　意即在这个时节先是白桐花开放，接着喜阴的田鼠不见了，全回到了地下的洞中，然后是雨后的天空可以见到彩虹了。

　　谷雨是二十四节气中的第六个节气。每年4月20日或21日视太阳到达黄经30度为谷雨。

　　谷雨节气后降雨增多，雨生百谷。雨量充足而及时，谷类作物能茁壮成长。谷雨时节的南方地区，"杨花落尽子规啼"，柳絮飞落，杜鹃夜啼，牡丹吐蕊，樱桃红熟，自然景物昭示人们：时至暮春了。

　　古人将谷雨分三候："一候萍始生；二候鸣鸠拂其羽；三候戴胜降于桑。"

　　意为浮萍开始生长，鸠鸟拂翅鸣叫，戴胜鸟飞落在桑树上。

　　立夏是二十四节气中的第七个节气。每年的5月5日或6日，视太阳到达黄经45度时为立夏。

立夏以后，江南正式进入雨季，雨量和雨日均明显增多，连绵的阴雨不仅导致作物的湿害。华北、西北等地气温回升很快，但降水仍然不多，加上春季多风，蒸发强烈，大气干燥，土壤干旱常严重。

我国古代将立夏分为三候："一候蝼蝈鸣；二候蚯蚓出；三候王瓜生。"

是说这一节气中首先可听到蝲蝲蛄在田间的鸣叫声，接着大地上便可看到蚯蚓掘土，然后王瓜的蔓藤开始快速攀爬生长。

小满是二十四节气的第八个节气。每年5月21日或22日视太阳到达黄经60度时为小满。

这时全国北方地区麦类等夏熟作物籽粒已开始饱满，但还没有成熟，约相当乳熟后期，所以叫"小满"。

南方地区把"满"用来形容雨水的盈缺，指出小满时田里如果蓄不满水，就可能造成田坎干裂，甚至芒种时也无法栽插水稻。因为小满正是适宜水稻栽插的季节。

我国古代将小满分为三候："一候苦菜秀；二候靡草死；三候麦秋至。"

是说小满节气中，苦菜已经枝叶繁茂，可以采食了，接着是喜阴的一些细软的草类在强烈的阳光下开始枯死，然后麦子开始成熟，可以收割了。

芒种是二十四节气中的第九个节气。每年6月5日前后太阳到达黄经75度时开始。

芒种是反映物候的节令。人们常说"三夏"大忙季节，即指忙于夏收、夏种和春播作物的夏管。芒种以后，我国长江中下游地区即将进入梅雨期。

古代将芒种分为三候："一候螳螂生；二候鹖始鸣；三候反舌无声"。

在这一节气中，螳螂在去年深秋产的卵因感受到阴气初生而破壳生出小螳螂；喜阴的伯劳鸟开始在枝头出现，并且感阴而鸣；与此相反，能够学习其他鸟鸣叫的反舌鸟，却因感应到了阴气的出现而停止了鸣叫。

夏至是二十四节气中的第十个节气。每年6月21日前后太阳到达黄经90度时开始。

夏至这天太阳的高度最长，阳光几乎直射北回归线，北半球白天最长，黑夜最短；过了夏至日，阳光直射位置逐渐向南移动，白天开始一天比一天缩短。

我国古代将夏至分为三候："一候鹿角解；二候蝉始鸣；三候半夏生。"

麋与鹿虽属同科，但古人认为，二者一属阴一属阳。鹿的角朝前生，所以属阳。夏至日阴气生而阳气始衰，所以阳性的鹿角便开始脱落。而麋因属阴，所以在冬至日角才脱落。雄性的知了在夏至后因感阴气之生便鼓翼而鸣。

半夏是一种喜阴的药草，因在仲夏的沼泽地或水田中出生所以得名。由此可见，在炎热的仲夏，一些喜阴的生物开始出现，而阳性的生物却开始衰退了。

小暑是二十四个节气中的第十一个节气。太阳黄经为105度。

"暑"是炎热的意思。小暑是反映夏天暑热程度的节气，表示天气已经很热，但不到最热的时候，故名。这时，暑气上升气候炎热，但还没热到极点。

我国古代将小暑分为三候："一候温风至；二候蟋蟀居宇；三候鹰始鸷。"

小暑时节大地上便不再有一丝凉风，而是所有的风中都带着热浪；由于炎热，蟋蟀离开了田野，到庭院的墙角下以避暑热；在这一节气中，老鹰因地面气温太高而在清凉的高空中活动。

大暑是第十二个节气，也是最热的时期。在每年的7月23日或24日，太阳到达黄经120度。

在炎热少雨的季节，滴雨似黄金。苏、浙一带有"小暑雨如银，大暑雨如金"、"伏里多雨，囤里多米"、"伏天雨丰，粮丰棉丰"、"伏不受旱，一亩增一担"的民间谚语。如大暑前后出现阴雨，则预示以后雨水多。

我国古代将大暑分为三候："一候腐草为萤；二候土润溽暑；三候大雨时行。"

世上萤火虫约有2000多种，分水生与陆生两种，陆生的萤火虫产卵于枯草上。大暑时，萤火虫卵化而出，所以古人认为萤火虫是腐草变成的；第二候是说天气开始变得闷热，土地也很潮湿；第三候是说时常有大的雷雨会出现，这大雨使暑湿减弱，天气开始向立秋过渡。

立秋是二十四节气中的第十三个节气。每年8月7日或8日太阳到达黄经135度时为立秋。

在我国古代，人们认为如果听到雷声，冬季时农作物就会歉收；如果立秋日天气晴朗，必定可以风调雨顺地过日子，农事不会有旱涝之忧，可以坐等丰收。

此外，还有"七月秋样样收，六月秋样样丢"、"秋前北风秋后雨，秋后北风干河底"的说法。

也就是说，农历七月立秋，五谷可望丰收，如果立秋日在农历六月，则五谷不熟还必致歉收；立秋前刮起北风，立秋后必会下雨，如果立秋后刮北风，则当年冬天可能会发生干旱。

我国古代将立秋分为三候："一候凉风至；二候白露生；三候寒蝉鸣。"

是说立秋过后，刮风时人们会感觉凉爽，此时的风已不同于暑天中的热风；大地上早晨会有雾气产生；秋天感阴而鸣的寒蝉也开始鸣叫。

处暑是二十四节气中的第十四个节气。每年8月23日或24日视太阳到达黄经150度时为处暑。

处暑之后，暑气虽然逐渐消退，但是，还会有热天气。所以有"秋老虎，毒如虎"的说法。之后，气温将逐渐下降。

我国古代将处暑分为三候："一候鹰乃祭鸟；二候天地始肃；三候禾乃登。"

此节气中老鹰开始大量捕猎鸟类；天地间万物开始凋零；"禾乃登"的"禾"指的是黍、稷、稻、粱类农作物的总称，"登"即成熟的意思。

白露是二十四节气中的第十五个节气。每年9月7日或8日太阳到达黄经165度时为白露。

这一时节冷空气日趋活跃，常出现秋季低温天气，影响晚稻抽穗扬花，因此要预防低温冷害和病虫害。低温来时，晴天可灌浅水；阴雨天则要灌厚水；一般天气干干湿湿，以湿为主。

我国古代将白露分为三候："一候鸿雁来；二候玄鸟归；三候群鸟养羞。"

说此节气正是鸿雁与燕子等候鸟南飞避寒，百鸟开始贮存干果粮食以备过冬。可见白露实际上是天气转凉的象征。

秋分是二十四节气中的第十六个节气。每年9月23日或24日视太阳到达黄经180度时为秋分。

秋分以后，气温逐渐降低，所以有"白露秋分夜，一夜冷一夜"和"一场秋雨一场寒"的说法。秋季降温快的特点，使得秋收、秋耕、秋种的"三秋"大忙显得格外紧张。

我国古代将秋分分为三候："一候雷始收声；二候蛰虫坯户；三候水始涸。"

古人认为雷是因为阳气盛而发声，秋分后阴气开始旺盛，所以不

再打雷了。

寒露是二十四节气中的第十七个节气。每年10月8日或9日视太阳到达黄经195度时为寒露。此时正值晚稻抽穗灌浆期，要继续加强田间管理，做到浅水勤灌，干干湿湿，以湿为主，切忌后期断水过早。

我国古代将寒露分为三候："一候鸿雁来宾；二候雀入大水为蛤；三候菊有黄华。"

此节气中鸿雁排成"一"字或"人"字形的队列大举南迁；深秋天寒，雀鸟都不见了，古人看到海边突然出现很多蛤蜊，并且贝壳的条纹及颜色与雀鸟很相似，所以便以为是雀鸟变成的；第三候的"菊始黄华"是说在此时菊花已普遍开放。

霜降是二十四节气中的第十八个节气。每年10月23日或24日视太阳到达黄经210度时为霜降。

此时气温达到0度以下，空气中的水汽在地面凝结成白色结晶，称为"霜"。霜降是指初霜。植物将停止生长，呈现一片深秋景象。

古代将霜降分为三候："一候豺乃祭兽；二候草木黄落；三候蛰虫咸俯。"

意思是说，豺这类动物从霜降开始要为过冬储备食物；草木枯黄，落叶满地；准备冬眠的动物开始藏在洞穴中过冬了。

立冬是冬季的第一节气，在每年的11月7日或8日，太阳到达黄经225度。立冬之时，阳气潜藏，阴气盛极，草木凋零，蛰虫伏藏，万物活动趋向休止，以冬眠状态，养精蓄锐，为来春生机勃发作准备。

我国古代将立冬分为三候："一候水始冰；二候地始冻；三候雉人大水为蜃。"此节气水已经能结成冰；土地也开始冻结；三候"雉人大水为蜃"中的雉即指野鸡一类的大鸟，蜃为大蛤，立冬后，野鸡一类的大鸟便不多见了，而海边却可以看到外壳与野鸡的线条及颜色相似的大蛤。所以古人认为雉到立冬后便变成大蛤了。

小雪为第二十个节气，在每年11月22日或23日，太阳位置到达黄经240度。在小雪节气初，东北土壤冻结深度已达10厘米，往后差不多一昼夜平均多冻结1厘米，至节气末便冻结了1米多。所以俗话说"小雪地封严"，之后大小江河陆续封冻。

农谚道："小雪雪满天，来年必丰年。"这里有3层意思，一是小雪落雪，来年雨水均匀，无大旱涝；二是下雪可冻死一些病菌和害虫，明年减轻病虫害的发生；三是积雪有保暖作用，利于土壤的有机物分解，增强土壤肥力。

我国古代将小雪分为三候："一候虹藏不见；二候天气上升；三候闭塞而成冬。"

古人认为天虹出现是因为天地间阴阳之气交泰之故，而此时阴气旺盛阳气隐伏，天地不交，所以"虹藏不见"；"天气上升"是说天空中的阳气上升，地中的阴气下降，阴阳不交，万物失去生机；由

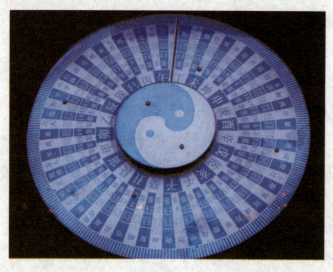

于天气的寒冷，万物的气息飘移和游离几乎停止，所以，三候说"闭塞而成冬"。

大雪在每年12月7日前后，太阳位置到达黄经255度时。大雪时节，除华南和云南南部无冬区外，我国大部分地区已进入冬季，东北、西北地区平均气温已达零下10度以下，黄河流域和华北地区气温也稳定在0度以下。

此时，黄河流域一带已渐有积雪，而在更北的地方，则已大雪纷飞了。但在南方，特别是广州及珠三角一带，却依然草木葱茏，干燥的感觉还是很明显，与北方的气候相差很大。

我国古代将大雪分为三候："一候鹖鸥不鸣；二候虎始交；三候荔挺出。"这是说此时因天气寒冷，寒号鸟也不再鸣叫了。由于此时是阴气最盛时期，正所谓盛极而衰，阳气已有所萌动，所以老虎开始有求偶行为。三候的"荔挺出"的"荔挺"为兰草的一种，也可简称为"荔"，也是由于感到阳气的萌动而抽出新芽。

冬至是每年12月22日前后，太阳位置到达黄经270度时。

冬至过后，至"三九"前后，土壤深层的所积储的热量已经慢慢消耗殆尽，尽管地表获得太阳的光和热有所增加，但仍入不敷出，此时冷空气活动最为频繁，所以"冷在三九"。

我国古代将冬至分为三候："一候蚯蚓结；二候麋角解；三候水

泉动。"传说蚯蚓是阴曲阳伸的生物，此时阳气虽已生长，但阴气仍然十分强盛，土中的蚯蚓仍然蜷缩着身体；古人认为麋的角朝后生，所以为阴，而冬至一阳生，麋感阴气渐退而解角；由于阳气初生，所以此时山中的泉水可以流动并且温热。

小寒是每年1月5日或6日，太阳位置到达黄经285度时。民间有句谚语："小寒大寒，冷成冰团。"小寒表示寒冷的程度，从字面上理解，大寒冷于小寒，但在气象记录中，许多地方小寒却比大寒冷，可以说是全年二十四节气中最冷的节气。

我国古代将小寒分为三候："一候雁北乡；二候鹊始巢；三候雉始鸲。"第三候"雉鸲"的"鸲"为鸣叫的意思，雉在接近四九时会感阳气的生长而鸣叫。

大寒是冬季最后一个节气，也是一年中最后一个节气，每年1月20或21日，太阳到达黄经300度时。这时是许多地方一年中的最冷时期，风大，低温，地面积雪不化，呈现出冰天雪地、天寒地冻的严寒景象。我国古代将大寒分为三候："一候鸡乳；二候征鸟厉疾；三候水泽腹坚。"

这就是说到大寒节气可以孵小鸡了；而鹰隼之类的征鸟，正处于捕食能力极强的状态，到处寻找食物，以补充能量抵御严

寒；水域中的冰一直冻到水中央，而且最结实、最厚。

我国自古以来，就是个农业非常发达的国家，由于农业和气象之间的密切关系，所以古代农民从长期的农业劳动实践中，累积了有关农时与季节变化关系的丰富经验。

为了记忆方便，古人把二十四节气名称的一个字，用字连接起来编成歌诀：

春雨惊春清谷天，夏满芒夏暑相连；

秋处露秋寒霜降，冬雪雪冬小大寒；

上半年来六廿一，下半年来八廿三；

每月两节日期定，最多不差一两天。

二十四节气歌诀读起来朗朗上口，便于记忆，反映了我国古代劳动人民的智慧。

拓展阅读

西安钟鼓楼的钟楼建于明代，楼上原悬大钟一口，作为击钟报时用。鼓楼里有一个更加有历史感的东西，那就是二十四节气鼓。制定二十四节气，反映了我国古代劳动人民的智慧，它们被制成了一面面威风鼓，打起鼓来，不禁让人感叹。

这24面鼓，鼓面上用漂亮的字体撰写出的二十四节气名字，一一对着二十四节气。每当鼓被敲醒时，必会雷声大作，轰轰作响，声传百里。并且，按照不同的节气，这些鼓还有各自不同的鼓点韵味，非常有特色。

计时制度

　　我国古代劳动人民为了适应生活和生产的需要，根据昼夜交替，逐步形成各种计时方法和计时制度。

　　我国古代计时制度大致有4种：分段计时之制、漏刻之制、十二时辰之制和更点计时制度。古代不一定具备严格的时间意义，但是常见又常用的有关名称也不少。

　　在计时发展过程中，我国古代形成的完整的计时方法和计时制度，减少了对自然条件的依赖，是古人在探索时间计量方式上取得的进步，也是中华民族在人类天文历法领域作出的杰出贡献。

逐步完善分段计时之制

我国古代的分段计时之制，是古老的沿用历史最悠久的古代计时法，是于日月运行以及人类的生活习俗和生产活动规律的划分时段的计时法。

秦汉之际流行16时制，各时段基本恒定，而两汉更从16时制细分出前后不同的小时间单位，计时精细到分级。这些均说明了分段计时制在我国古代历史沿用中，是有着调整充实、变革更新而使之适应时代发展的积极机制的。

据传说，冥荚是一种奇妙的植物，它每天长一片叶子，至月半共长15片叶子，以后每天掉一片叶子，至月底正好掉完。

东汉时期杰出的科学家张衡，就是受到冥荚准时落叶的启示，发明了"瑞轮冥荚"这一巧妙仪器。"瑞轮冥荚"是张衡水运浑象上的机械日历。

张衡依照冥荚落叶现象进行构思，用机械的方法使得在一个杠杆上每天转出一片叶子来，月半之后每天再落下一片叶子来，这样不仅可以知道月相，还有计时的功能。

张衡创制的"瑞轮冥荚"的计时功能，只是我国古代计时历史长河中的一朵浪花。我国计时历史源远流长，在此过程中有许许多多的发明创建，秦汉之际的16时分段计时制度就是其中之一。

分段计时之制，早期主要基于太阳的周日视运动与地面上的投影变化，有其不稳定性的因素。殷商时期不均匀的分段计时制度，即是那一时代的产物。

分段计时之制起自何时不详。早在大汶口文化时期的陶文上，已有"旦"、"炅"两字，似乎与计时相关。至殷代逐步形了一套不均匀的分段计时制度，殷武丁时，一天分为13时段，白天9段，夜间4段；后来又将一天分为16时段，白天9段，夜间7段。

殷代晚期，形成了一天分为16时段，这是分段计时制的基本格局，但各时段之间尚未达到等间距。至春秋战国时期，已进入比较均匀的分段计时的阶段。

秦汉时期，是我国古代分段计时之制的鼎盛期，形式为16时制，计时精密，时间恒定，间距均匀，无论内地还是边陲地区，时称基本一致，沿用年代也较长。

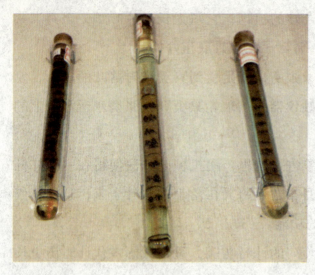

秦代时期通行16时制。在甘肃天水放马滩出土的秦简甲种《日书》有具体时称记载，其中有"日昳"及"夜中"两个时段前后的计时比较细化，而"平旦"至"日中"的上午计时几与云梦秦简16分段计时制的相关时称一致，显示了当时计时的地区性差异。

在秦代通行16时制的同时，还有少数历法家，或以12辰计时，或以14辰计时等。

比如以12辰计时，西汉时期马王堆帛书隶书本《阴阳五行》中，有平旦、日出、食时、莫食、东中、西中、日失、下失、下铺、春日、日入、定昏12个时称。

再如以14辰计时，司马迁《史记》中有关西汉初期的计时材料，经过专家的整理，有乘明、旦、日出、蚤食、食时、日中、日昳、晡时、下铺、日入、昏、暮食、夜半、鸡鸣14个时称。

马王堆《阴阳五行》缺夜间的计时，《史记》的时称也不完全。但这两种材料与秦简的计时材料基本相合，可以互相补充和校正。

由秦简、马王堆《阴阳五行》、《史记》3种计时材料看，秦汉时期的分段计时制的时称使用情况是比较随便的，一个时段可能会有几种称法，当时虽然普遍实行16时制，但时称未必完全统一化。

专家根据上述3种材料，归纳出来秦汉时期16时制的时称：清旦、日出、食时、莫食、东中、日中、西中、日昳、餔时、下市、舂日、日入、黄昏、人定、夜半、鸡鸣这16时。

清旦，即清晨，天亮到太阳刚出来不久的一段时间。春秋之际通常指早上5至6时这段时间。

日出，日面刚从地平线出现的一刹那，而非整个日面离开地平线。

食时，正食的时候，大约8时前后，古人认为这是吃早饭时间。也就是日出至午前的一段时间。

莫食，相当于巳时，就是9时至11时。

东中，大致相当于11时稍后的短暂时间。

日中，日正中天，相当于白天12时前后。这时候太阳最猛烈，这时阳气达到极限，随之阴气将会产生。

西中，大致相当于13时稍后的短暂时间。

日昳，太阳偏西为日昳。相当于"西中"稍后的短暂时间。

餔时，接近傍晚，在16时前后。

下市，大致相当于17时稍后的短暂时间。

舂日，相当于"下市"稍后的短暂时间。

日入，约指申时和酉时。

黄昏，指日落以后到天还没有

完全黑的这段时间。

人定，相当于21时至23时。

夜半，相当于夜里0时前后。

鸡鸣，天明之前的一段时间。

需要指出的是，对于时段往往有不同的称谓，对于同一时段名，所指时辰也有不同看法。

秦汉时期的16时其确切时间不是很清楚，这是因为当时的科技条件和人们的认识水平所致。这也反映出了我国古代计时发展在初级阶段的实际情况。事实上，除了秦汉之际计时主要通行的16时制外，还有两汉时期其他的一些分段计时之制，也是我国古代分段计时发展所经历的一个阶段。

两汉时期的分段计时材料，则见诸刘安《淮南子·天文训》、《汉书》，以及唐代太仆令王冰所编《重广补注黄帝内经素问》以及居延汉简等。

《淮南子·天文训》根据太阳的出入将一天分作15时，为晨明、朏明、旦明、蚤食、晏食、隅中、正中、小还、餔时、大还、高春、下春、县车、黄昏、定昏。此15时疏于夜间的计时。其实，《淮南子》的15时，也是本之于16时制。

《汉书》中的计时材料，据专家整理，有晨时、旦明、日出、蚤食、日食时、日中、餔时、下餔、昏、夜过半、鸡鸣11个时称。可见这个材料不完全。

《重广补注黄帝内经素问》保存有西汉分段计时制的材料，有大晨、平旦、日出、早食、晏食、日中、日昳、下餔、日入、黄昏、晏餔、人定、合夜、夜半、夜半后、鸡鸣等时称，为16时制。

居延汉简为西汉时期武帝太初年间至东汉时期明帝永元年间之物，前后延续时间约200年，有关的计时材料。经过专家整理，共得晨时、平旦、日出、蚤食、食时、东中、日中、西中、餔时、下餔、日入、昏时、夜食、人定、夜少半、夜半、夜大半、鸡鸣18个时称，因此有人认为汉代官方可能实行18时制。

上述材料所说的15时、11时乃至18时，相比之下都没有16时精密。由此可见，秦汉时期16时制这一时间分法，是我国古代分段计时制度成熟的标志。

总之，我国古代的分段计时制度，是在实践中逐步完善起来的。

随着社会的发展和科技知识的进步，人们对于时间精度的要求越来越高，对原有的计时方法不断做出修正，淘汰其不合理或不适应实际生活习尚的部分，或改进计时的形式，或增加新的内容，此而使分段计时更加合理。

拓展阅读

宋代著名科学家苏颂主持创制的水运仪象台是11世纪末我国杰出的天文仪器，也是世界上最古老的天文钟。可以报12个时辰的时初、时正名称，还可以报刻的时间。

报12个时辰的在第二层的木阁中。有24个司辰木人，手拿时辰牌，牌面依次写着子初、子正、丑初、丑正等。每逢时初、时正，司辰木人按时在木阁门前出现。

报刻的在第三层木阁中。有96个司辰木人，其中有24个木人报时初、时正，其余木人报刻。

发明漏刻的计时方法

漏刻计时法，即把昼夜分成均衡的100刻。其产生与漏刻的使用有关。可能起源于商代。有了漏刻，人类的计时开始摆脱依赖天象，开创了人类制造计时器的新纪元。

汉代时曾把它改造为120刻，南朝梁时期改为96刻、108刻。漏刻计时几经反复，直至明末欧洲天文学知识传入才又提出96刻制的改革，清代初期定为正式的制度。

在我国古代，发明了很多计时方法，其中，漏刻最为普遍。

燕肃是北宋时期科学家，一生有很多成就，人们称他为"巧思的人"。他造的莲花漏，在当时的很多州使用。

燕肃精通天文历法，他深感当时计算时间的仪器不够准确，而且结构复杂，使用起来也不方便，亟待制作新的刻漏，于是他决心发明一种新的计时器。他经过反复研究，终于制造出新的计时工具莲花刻漏。

莲花刻漏较旧刻漏有很大改进，它由上、下两个水池盛水，上池漏于下池，再由铜鸟均匀地注入石壶。石壶上有莲叶盖，一支箭首刻着莲花的浮箭，插入莲叶盖中心。

箭为木制，由于水的浮力，便能穿过莲心沿直径上升，箭上有刻度，从刻度就可以看出是什么时刻和什么节气了。

根据全年每日昼夜的长短微有差异，又把二十四节气制成长短刻度不同的48支浮箭，每一个节气昼夜各更换一支。这种刻漏制作简单，计时准确，设计精巧，便于推广。

经过试验之后，宋仁宗于1036年将其颁行全国使用。

莲花漏颁行后，受到各方面的称赞。朝官夏竦称其"秒忽无差"，全国各地"皆立石载其法"，著名的大文学家苏轼也对此大加赞赏。燕肃每到一处，就把莲花漏的制造方法以碑刻的形式进行介绍、传播，并制成样品加以推广。这种热心传播科学技术的精神，值得钦佩。

其实在此之前，我国使用漏刻计时器已经好长时间了，可以说具有悠久的历史。我们通常所说的时刻中的"刻"用来表示时间，就涉及我国古代滴水计时的文化史实。

在机械钟表传入我国之前，漏刻是我国使用最普遍的一种计时器。简单地说，漏刻计时的原理是通过水慢慢地从小孔漏出，利用容器内水面的升降来计算时间。

漏刻是我国的一种古老的计时器。"漏"是指计时用的漏壶，"刻"是指划分一天的时间计量单位，漏壶计时一昼夜共100刻，"刻"就是在这种文化事实中具备了表现时间的职能。

漏刻在我国起源很早。南北朝时期有本书叫《漏刻经》，上面说，漏刻起源于黄帝时代，夏商时期得到了很大的发展。《隋书·天文志》一书也认为，漏刻是黄帝观察到容器漏水，从中受到启发而发明的。

早在新石器时期，人们就已经能够制作陶器，陶器在使用中难免会出现残漏，导致水的流失。水的流失需要时间，这种现象给人以启发，用水量变化来表示时间的流逝，由此就逐渐导致了漏刻的产生。

进入周代以后，漏刻的地位进一步提高，朝廷中设有专门负责漏壶计时的官吏，称为"挈壶氏"。以后历代都有专门管理漏刻的机构和人员，制度越来越完善。

历代漏刻计时所使用的百刻制，据推测最早就是商代制定的，所以古人有时候又把"刻"称为"商"，这是商代漏刻得到发展的有力证据。

最初的漏壶是单只的，壶的底部开一小口，壶中放一支刻有刻度的木杆，观察水位退到哪一刻度，就能知道是什么时间了。由于早期

漏壶的使用大多与军事有关，所以这种木杆被称为"箭杆"，这种方法称为"淹箭法"。

还有一种方法，就是将箭插在箭舟上，箭杆上刻有时间线，当壶中水满时，箭杆靠木块的浮力升得很高，随着水的流失，箭舟往下沉，箭杆也随之下降，通过观察刻度线，就可以读出什么时间了。这种方法又称为"沉箭法"。

沉箭漏壶的计时精度比淹箭漏壶稍高，但也不够准确，原因在于水的流速与壶中水位高低有关，水位高时，水的流速就快，随着水的流出，壶内水位也就逐渐下降，水的流速也就慢了下来，因此木箭下降的速度是不均匀的，即沉箭漏壶在使用过程中其计时精度会越来越低。

为了提高漏壶的计时精度，聪明的古人又发现了新的计时方法浮箭法。最早的浮箭漏壶是单级的，它是由两只漏壶组成，一只是供水壶；另一只是受水壶，受水壶中放箭尺，通常称为箭壶。

由于泄水壶的水不断地注入箭壶，木箭上的时刻标记就不断地从壶中显露出来，人们就可以知道当时的时刻了，这就是单级浮箭壶。

单级浮箭漏只有一只泄水壶，由于人工往供水壶里加水有一定的时间间隔，加水前后水位有一定的变化，导致流往箭壶的水流量不稳定，因而计时误差相对较大。

要解决这一问题，可以把木箭上的时刻标志做成不均匀的，但这又需要有其他高精度计时仪器的校验，当时要做到这一点，并不容易。另一种方法，是不断给泄水壶添水，使其水位能大致保持在某一高度，以此减少其排水速度的变化。

经过多年实践，人们在泄水壶和受水壶之间再加一只补偿壶，使补偿壶在向受水壶供水的同时，又不断得到泄水壶流进来的水的补充，从而使补偿壶的水位保持相对稳定，这就是二级补偿浮箭漏壶。

东汉著名科学家张衡曾经这样描写当时二级漏壶的使用情况：

> 漏壶用铜制成，有两个泄水壶，它们分别在底部开口，第一个泄水壶流出来的水流入第二个泄水壶，第二个泄水壶再排给受水壶。
>
> 由于昼夜长短不一，可以让受水壶也有两套，分别在白昼和黑夜使用。

由此可知，二级漏壶至迟在东汉时期就已经发明了。

二级漏壶可以大幅度提高漏刻计时精度，于是就出现了有3只泄水壶连用的漏刻。

晋代名士孙绰在一篇文章中最早记载了三级漏壶的存在："累筒三阶，积水成渊，器满则盈，承虚赴下。"所谓"累筒三阶"，就是指的3只连用的圆形泄水壶。

至唐代，著名学者吕才又将连用的泄水壶数增加至4只，从而导致了4级漏壶的诞生。

宋代经学家杨甲的《六经图》，也记载了吕才漏壶。

古人为了提高计量精度，除了增加漏壶的级数外，还有一项重要的改进，那就是分水壶的发明。

第一个使用分水壶的人，就是前面提到的宋代科学家燕肃。分水壶的出现，从根本上解决了漏壶的水面稳定性问题。

我国古代还出现过一些与漏刻结构原理类似的计时工具，有用水银的，有用沙子的，还有用半机械的。元末明初的詹希元制造了一种机械计时仪器五轮沙漏钟，又称为"轮钟"。

五轮沙漏钟名字中虽然有"沙漏"两字，但它并不是以流沙的多少来计时，而是以沙作为动力来带动齿轮系统工作，是一种真正的机械钟。

五轮沙漏钟的工作原理是流沙从漏斗形的沙池流至初轮边上的沙斗里，驱动初轮，从而带动各级机械齿轮旋转。最后一级齿轮带动在水平面上旋转的中轮，中轮的轴心上有一根指针，指针则在一个有刻线的仪器圆盘上转动，以此显示时刻。

詹希元巧妙地在中轮上添加了一组机械传动装置，这些机械装置能使五轮沙漏上的两个小木人每到整时能够转出来击鼓报时。

五轮沙漏钟以沙代水，克服了冬季水易冰冻的缺点，可以不受地域限制。其初轮、二轮、三轮、四轮以及小齿轮等一套减速轮系，可以克服沙流速过快的缺点。

可惜的是，詹希元生不逢时，这样先进的计时器问世仅有几年，由于元明代交替之际的政局动荡而没能推广开来。

五轮沙漏钟脱离了天文仪器的辅助，是我国早期机械钟的代表。

不管是燕肃的莲花漏，还是詹希元的五轮沙漏钟，以及其他一些计时工具的发明，都是我国漏刻计时发展史上的重大革新。但我国历史上使用时间最长、应用最广的计时装置还是漏刻。

现陈列在北京故宫博物院交泰殿中的铜壶滴漏，是1745年制造的，这是我国保存至今仍然完好的漏壶。

铜壶滴漏的漏壶全都用精铜制造，每个漏水的小管子都雕刻成龙头形状，水从龙口流出，最上层的漏壶置于楼阁形建筑的上层，旁边有楼梯可以上下，楼阁建筑与宫殿结构相同。做工雕刻极为精细，平水壶面镌有乾隆皇帝的御制铭文。

漏刻的出现，使人们不需要频繁观测天文就可以随时知道当时的时刻。它使我国古代计时减少了对自然条件的依赖，是古人在探索时间计量方式上的一大进步。

拓展阅读

"钟"是历史悠久的计时工具。"钟"和"鼎"在我国古代被视为传国重器，其上所铸文字，被称之为"钟鼎文"。"钟"还被佛寺悬挂起来用作报时。如唐代诗人张继《枫桥夜泊》："姑苏城外寒山寺，夜半钟声到客船。"所谓"夜半钟声"就是半夜的报时钟声。大概是钟有了报时的作用，而后将"钟"字用作计时器的名称。

采取独特的十二辰计时法

古人把一昼夜划分成12个时段，每一个时段叫一个时辰。十二时辰既可以指一天，也可以指任何一个时辰。十二时辰是古人根据一日间太阳出没的自然规律、天色的变化以及自己日常的生产活动、生活习惯而归纳总结、独创于世的。

十二时辰包括子时、丑时、寅时、卯时、辰时、巳时、午时、未时、申时、酉时、戌时、亥时。我国十二时辰之制的广泛流行为南北朝时期。

我国古代将一日分为十二时辰，并在此基础上进行了进一步划分，使时间变得更加精确。

一日有十二时辰，一时辰合现代两小时；一时辰有8刻，一刻合现代15分钟；一刻有3盏茶，一盏茶合现代5分钟；一盏茶有两炷香，一炷香合现代2分30秒；一炷香有5分，一分合现代30秒；一分有6弹指，一弹指合现代5秒；一弹指有10刹那，一刹那合现代0.5秒。

我国古代十二时辰之说的起源，众说纷纭。大约早在战国以前，为了研究天文历法的需要，已经将天球沿赤道划分为12个天区，称为12个星次。与此同时，又将天穹以北极为中心划为12个方位，分别以十二时辰来表示时段。

十二时辰之制，是以十二地支计算时间的方法。在现传最古老的西汉历法《三统历》中，有一个"推诸加时"算法，所谓"加时"就是将各种历法推算的时刻换算成十二时辰，这是关于十二时辰制度的最早记录。

汉代哲学家王充在《论衡》中说："一日之中分为十二时，平旦寅，日出卯也。"说明在当时，十二时辰之名与十二地支名已经配合运用，并且已经排定次序。

汉代将十二时辰命名为：夜半、鸡鸣、平旦、日出、食时、隅中、日中、日昳、晡时、日入、黄昏、人定。各个时辰都有别称，又用十二地支来表示。

夜半，又名子夜、夜分、中夜、未旦、宵分。夜半是十二时辰的第一个时辰，与子时、三更、三鼓、丙夜相对应，时间是从23时至1时。

此时以地支来称其名则为"子时"。此时正是老鼠趁夜深人静，频繁活动之时，故称"子鼠"。

天色由黑至亮的这段，都称为"夜"。"夜半"是指天黑至天亮这一自然现象变化的中间时段，而人们平素所说的"半夜"则是笼统地指全部的天黑了的时间，其时间往往超出"夜半"所指的那两个小时。

鸡鸣，又名荒鸡。十二时辰的第二个时辰，与四更、四鼓、丁夜相对应。时间是从1时至3时。

此时以地支来称其名则为丑时。牛习惯夜间吃草，农家常在深夜起来挑灯喂牛，故称"丑牛"。

鸡被古人褒称为守夜不失信的"知时畜也"。曙光初现，雄鸡啼鸣，拂晓来临，人们起身。"鸡鸣"从字面上来看确有"鸡叫"之

鼠咬天開踽取第一

意，但它在十二时辰中却是特指夜半之后、平旦以前的那一时段。

我国幅员广阔，由于一年四季、地域的不同，开始鸡鸣的时间，一般在当地天明之前一小时左右。

平旦，又叫平明、旦明、黎明、早旦、日旦、昧旦、早晨、早夜、早朝、昧爽、旦日、旦时等。时间是从3时至5时，即是我们古时讲的五更。

此时以地支来称其名则为"寅时"。此时昼伏夜行的老虎最凶猛，古人常会在此时听到虎啸声，故称"寅虎"。

太阳露出地平线之前，天刚蒙蒙亮的一段时候称"平旦"，也就是我们现在所说的黎明之时。

日出，又叫日上、日生、日始、日晞、旭日、破晓。时间是从5时至7时，指太阳刚刚露脸，冉冉初升的那段时间。此时旭日东升，光耀大地，给人以勃勃生机之感。

此时以地支来称其名则为"卯时"。天刚亮，兔子出窝，喜欢吃带有晨露的青草，故称"卯兔"。

食时，也叫早食、宴食、蚤食。时间是从7时至9时，古人"朝食"之时也就是吃早饭时间。

此时以地支来称其名则为辰时。此时一般容易起雾，我国古代传说龙喜腾云驾雾，又值

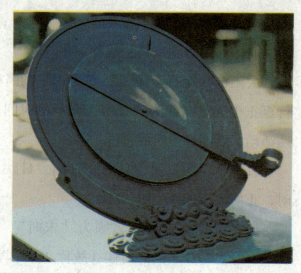

旭日东升，蒸蒸日上，所以称为"辰龙"。

隅中，也叫日禺、禺中、日隅。时间是从9时至11时，即临近中午的时候．

此时以地支来称其名则为"巳时"。此时大雾散去，艳阳高照，蛇类出洞觅食，故称"巳蛇"。

汉代刘安的《淮南子·天文训》最早出现"隅中"一词："日出于旸谷……至于桑野，是谓晏食；至于衡阳，是谓隅中；至于昆吾，是谓正中。"

清代文字训诂学家段玉裁《说文解字注》说"角为隅"，那么这个隅与时间有什么联系呢？

如果以《淮南子》的作者刘安及其门客苏非等人的著书之地长安为观测点，人们在巳时观察，衡阳、昆吾两山皆在南方。

当太阳运行到衡阳上方，还没有运转到昆吾上空时，长安观测点与衡阳上方的太阳的连线，同观测点与昆吾上空的太阳的连线形成一个夹角。

这个夹角就是以长安为基准测位测得的巳时与午时这两个时辰形成的交角。也就是太阳在隅中初临时与其在正中时所形成的东倾斜角。因此，人们称这个时段为"隅中"。

日中，也叫日正、日午、日高、正午、亭午、日当午。时间是从11时至13时。

此时以地支来称其名则为"午时"。古时野马未被人类驯服，每当午时，四处奔跑嘶鸣，故称"午马"。

太阳已经运行至中天，即为正午的时辰。上古时期，人们把太阳行至正中天空时作为到集市去交易的时间标志，这样的商品交换的初期活动，就在日中时辰进行。

日昳，也叫日昃、日仄、日侧、日跌、日斜。时间是从13时至15时，正值太阳偏西之时。

此时以地支来称其名则为"未时"。有的地方称此时为"羊出坡"，意思是放羊的好时候，故称"未羊"。

"日昳"这个时间名词，最初见于汉代史学家司马迁《史记·天官书》："旦至食，为麦；食至日昳，为稷。""日昳"的意思是太阳过了中天偏斜向大地西边。以中天为界，这时的太阳与隅中之日相对。

晡时，也叫馎时、日馎、日稷、夕食。时间是从15时至17时。

此时以地支来称其名则为"申时"。此时太阳偏西，猴子喜在此时啼叫，故称"申猴"。

古人进餐习惯，吃第二顿饭是在晡时。因此，"晡时"之义即"第二次进餐之时"。古人还常常以"晡"这个字来代替"晡时"而写入作品中，如杜甫的《徐步》写道："整履步青芜，荒庭日欲晡。"白居易的《宿杜曲花下》写道："但惜春将晚，宁愁日渐晡。"

日入，也叫日没、日沉、日西、日落、日逝、日晏、日旰、日晦、傍晚，意为太阳落山的时候。时间是从17时至19时。

此时以地支来称其名则为"酉时"。太阳落山了，鸡在窝前打转，故称"酉鸡"。

"日入"即为太阳落山，这是夕阳西下的时候。古时，人们又将"日出"和"日入"分别作为白天和黑夜到来的标志。当时人们生产劳动、休养生息就是以"日出"、"日入"为基本的简易时间表的。

黄昏，也叫日夕、日末、日暮、日晚、日暗、日堕、日曛、曛黄。时间是从19时至21时。此时太阳已经落山，天将黑未黑。天地昏黄，万物朦胧，故称黄昏。

此时以地支来称其名则为"戌时"。此时人们劳碌一天，闩门准备休息了。狗卧门前守护，一有动静，就"汪汪"大叫，故称"戌狗"。

古人以"黄昏"来表示这一时辰，是因为此时夕阳沉没，万物朦胧，天地昏黄，"黄昏"一词形象地反映出了这一时段典型的自然特色。最早使用"黄昏"一词的是战国时期的诗人屈原。他在《离骚》中写道："昔君与我诚言兮，曰黄昏以为期，羌中道而改路。"

"黄昏"这个词，在我国古代文学作品，尤其是诗词里经常出现。如北宋时期文学家欧阳修《生查子》写道："月上柳梢头，人约黄昏后。"

词人在这词句中把"黄昏"作为青年男女幽会的美好时刻来使用，是极确切的。历来脍炙人口的名句"夕阳无限好，只是近黄昏"，则流露了唐代著名诗人李商隐对自己年华迟暮的慨叹，被历代传诵。

人定，也叫定昏、夤夜。时间是从21时至23时。

此时以地支来称其名则为"亥时"。此时夜深人静，能听见猪拱槽的声音，故称"亥猪"。

人定是一昼夜中十二时辰的最末一个时辰。人定也就是人静。此时夜色已深，人们也已经停止活动，安歇睡眠了。

我国古代民歌中第一首长篇叙事诗《孔雀东南飞》有"晻晻黄昏后，寂寂人定初"的诗句。了解了"人定"的时间概念，就可以正确理解这句诗的意思了。

总之，十二辰计时法表时独特，历史悠久，是我国灿烂的文化瑰宝之一，也是中华民族对人类天文历法的一大杰出贡献。

拓展阅读

我国古代十二时辰计时之制，不仅方便了人们对时间的把握，也是传统中医学养生理论内容之一。中医认为五脏六腑以及经络与十二时辰密切相关，因此应该遵循十二时辰生活法。

子时保证睡眠时间，丑时保证睡眠质量，寅时号脉的最好时机，卯时养成排便习惯，辰时早餐营养均衡，巳时工作黄金时间，午时养成午睡习惯，未时保护血管多喝水，申时工作黄金时间，酉时预防肾病的最佳时间，戌时工作黄金时间，亥时准备休息。

实行夜晚的更点制度

我国古代便把一夜分为五更，每更为一个时辰。戌时为一更，亥时为二更，子时为三更，丑时为四更，寅时为五更。由于古代报更使用击鼓方式，故又以鼓指代更。此外还有"鼓角"、"钟鼓"等用来打更的器具。

把一夜分为五更，按更击鼓报时，又把每更分为5点。每更就是一个时辰，相当于现在的两个小时，所以每更里的每点只占24分钟。

明宪宗成化年间，山东省黄县，即现在的龙口市附近住着个林老汉，鸡叫头遍就动身，牵了自家的一头毛驴要到城北马集上去卖个好价钱。

由于林老汉平时不大出远门，又因天黑迷路，所以手里牵着的这个小畜生又见草就吃，且不时撒欢尥蹶子，不正经走路。

几经周折，到了集上为时已晚，错过了交易时间，白忙活了一场。林老汉不免叹道："起了个早五更，赶了个大晚集！"

回到家后，林老汉一气之下把毛驴杀了，干脆就在村子里把驴肉卖了出去。

不过这里讲述这个故事的意义在于：林老汉说的五更，是我国古代对夜晚划分的5个时段，因为用鼓打更报时，所以叫作"五更"、"五鼓"，或称"五夜"。

"更"其实只是一种在晚上以击点报时的名称。更点制只用在夜间。从酉时起，巡夜人打击手持的梆子或鼓，此称为"打更"。

更点制出现的年代较早，但是明确见诸历法者，一般以唐代初期《戊寅元历》为开端。此历最后附录的"二十四气日出入时刻表"中，给出了各气昼、夜漏刻的长度以及相应的更点数。

该表所列数据说明，日出前2.5刻为平旦时刻，即昼漏上水时刻；日落后2.5刻为昏时，即昼漏尽、夜漏初上时刻。从昏时至次日旦时，为夜漏长度。

太阳出入的时间天天都在变，因此，夜漏刻的长度也随之变化，于是，更点的长度也不是固定的。

东汉四分历"二十四气日度、晷影、昼夜漏刻及昏旦中星表"中，有历史上最早给出的二十四气昼夜漏刻的数据。

魏晋南北朝时期的一些历法，也大都列出此类数表，据此，可以推算出各气当天每更每点的时刻。

在唐代李淳风的《麟德历》中，给出了计算更点的规定：甲夜为初更或一更，乙夜二更、丙夜三更、丁夜四更、戊夜五更。

古代的昼夜是以日出、日入来划分的，也就是日落后才算入更，这就出现"更点制"的一个特点。每更点的开始时刻及每个更点包含的时间长度，在不同地点各不相同。在同一地点则随不同日期日出日入时刻的不同而变化。

古人把一夜（即现在的10个小时）分为5个时辰，夜里的每个时辰被称为"更"。一夜被分为"五更"，有更夫报时。

一更在戌时，称黄昏，又名日夕、日暮、日晚等。时间是19时至21时。

二更在亥时，名人定，又名"定昏"等。时间是21时至23时。

此时夜色已深，人们也已经停止活动，安歇睡眠了，人定也就是人静。

"咣——咣——"两声大锣带着两

声梆子点儿，习俗上这就称谓是"二更二点"。比起一更，二更的天色已经完全黑去，此时人们大多也都睡了。

三更在子时，名夜半，又名子夜、中夜等。时间是23时至1时。

三更是十二时辰的第一个时辰，也是夜色最深重的一个时辰。此时这无疑是一夜中最为黑暗的时刻，这个时候黑暗足以吞噬一切。

四更在丑时，名鸡鸣，又名"荒鸡"。时间是1时至3时。

四更是十二时辰的第二个时辰。虽说三更过后天就应该慢慢变亮，但四更仍然属于黑夜，而且是人睡得最沉的时候。

五更在寅时，称平旦，又称"黎明"、"早晨"、"日旦"等，是夜与日的交替之际。时间是3时至5时。

这个时候，鸡仍在打鸣。此时天亮了，便不再打更。而人们也逐渐从睡梦中清醒，开始迎接新的一天。

拓展阅读

现代人所说的"一刻钟"，是经长期发展而来的。

北宋时期一个时辰已普遍划分为时初、时正两个时段，每小时得四大刻又一小刻。也就是《宋史·律历志》所说："每时初行一刻至四刻六分之一为时正，终八刻六分之二则交次时。"

清代初期施行《时宪历》后，就改100刻为96刻，每时辰就得8刻，即初初刻、初一刻、初二刻、初三刻、正初刻、正一刻、正二刻、正三刻，一刻相当于今天的15分钟，也称"一刻钟"。这就是今人"一刻钟"称呼的由来。

岁时文化

岁时文化是指与天时、物候的周期性转换相适应，在人们的社会生活中约定俗成的、具有某种风俗活动内容的传统习俗。二十四节气本为节令气候标志，但后来融会许多祭祀宗教、庆贺、游乐等内容，形成社群性的活动，演变为中华民族节日习俗的组成部分。

节气与节日习俗的融合，经历了千百年的演变，形成了各种不同的时代特点和地方特色。但习俗中包含着人们对先人的纪念、对亲人的思念、对生活的憧憬和对希望的寄托，这些是永远不变的。

春季岁时习俗的产生

春季节气共有6个，分别为立春、雨水、惊蛰、春分、清明和谷雨。

在二十四节气中，春季最能反映季节的变化，它指导农事活动，影响着千家万户的衣食住行。春季节气节日习俗是我国古代劳动人民独创的文化遗产。

春季也是忙碌的季节，俗话说："一年之计在于春"，只要勤奋，春季播种什么，秋季就能收获什么。

传说在远古的时候，在有一年的立春前，有一个村庄突然间瘟疫四起，全村百姓顿觉头昏脑涨、四肢无力，人们像泥一样瘫倒在地。

正在这时，一个老僧打扮的人来到了这个村庄，是他及时向南海的观世音菩萨祈求了医治瘟疫的方法，赶来这个村庄拯救人们。

观世音菩萨让僧人弄来一些青皮、红皮萝卜，让每个人都啃吃几口。结果，还真灵验，人们吃了萝卜之后，头脑立刻清醒了，胃肠通顺了，身子骨轻松了，胳膊腿也都有力气了。

人们纷纷起来给僧人下跪叩头，谢他的救命之恩。僧人说："大伙别谢我，应该感谢观音菩萨。不过，大伙现在应该去救别人。我的房舍里还贮有许多萝卜，大伙带着快去邻近村庄救人吧！"

乡人听后，带着萝卜奔向了十里八村。大伙都及时地啃吃萝卜，一时间瘟疫很快解除了，人们又过上了平静安乐的生活。

人们不会忘记那位僧人，更不会忘记把他们从苦难中解脱出来的萝卜。从此，乡下人冬天里都要在菜窖里多贮藏一些萝卜，以备在立春这天啃萝卜。

于是，"啃春"的习俗由此形成了，一直延续至今天。农谚"打春吃萝

卜，通地气"就是这样产生的。

"立春"，古时作为春天之始。在古人眼里，立春是个重要的节气。据史书记载，从周代开始，直至清末民初，官家都把立春作为重要节日，举行种种迎春的庆祝活动。

立春之日，东风解冻，正是劝农耕作之时。"国以农为本"，"民以食为天"是我国数千年的传统，自古每年立春，上至朝廷天子，下至府县官员，都要举行隆重的迎春仪式。《礼记·月令》就记"天子率公卿诸侯大夫以迎春于东郊"。

到了汉代，迎春已成为一种全国性的礼仪制度。史书《后汉书·礼仪志》说："立春之日，夜漏未尽五刻，京师百官皆衣青衣，郡国县道官下至斗食令吏皆服青帻，立青幡，施土牛耕人于门外，以示兆民。"

东汉时期汉明帝还遵照西汉的做法，于"立春"之日，"迎春于东郊，祭青帝句芒"。

可见，千百年前，迎春活动已经多样化，并且形成了一套程式，世代相传。其中，主要的有以下几项：

第一，迎春方向选定东方，或出东门，或在东郊。为什么要选在东方迎春呢？因为北斗星的斗柄移向东方，冬天过去，春天便来到了，万物萌生。所以向东迎春是合乎时令的。

第二，迎春所祭之神称为"青帝句芒"，也叫"芒神"。相传句芒是古代主管树木的官，死后为木官之神，又称"东方之神"，也是司春之神。

第三，迎春的官员要穿青衣，有的要戴青巾帻，这是古代习俗。后来，虽不一定穿戴青衣青巾，但规定穿戴朝服和公服，表示隆重。

第四，迎春活动中要做"春牛"。最早的春牛，是用泥土塑造的。各朝代塑造土牛的时间不同。

如隋代，每年立春前5日，在各州府大门外的东侧，造青牛两头及耕夫犁具。

清代则在每年农历六月，命钦天监预定次年春牛芒神之制，到冬至后的辰日，取水塑造土牛。所谓"春牛芒神"之制，实际上是根据历法推算哪天是立春之日，以便确定春牛和芒神的位置。

芒神虽然是神，并且还是天上的青帝，但是，这位青帝却跟老百姓非常接近，大家感觉这是一位平凡之神，很亲切，往往将芒神塑造成牧童模样。

《礼记》上所说的"策牛人"，后来，就演变成牧童，而称之

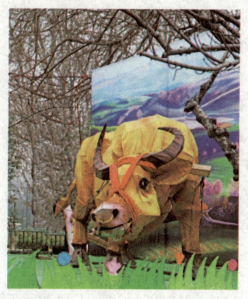

"芒神"了。迎春活动做土牛，既表示送寒气，又告诉人们立春的迟早，要求适时春耕。

如果立春在十二月望，牧童走在牛的前头，说明当年春耕早；如果立春在十二月底或在正月初，牧童与牛并行，说明农耕不早不晚；如果立春在正月中，牧童便跟在牛后，说明农耕较晚。

至清代，每年官府向朝廷献呈《春牛图》，图上画出牧童在牛的前后位置，提醒朝廷要掌握劝农耕作时机。

有意思的是，据记载，土牛用桑柘木做胎骨，身高4尺，象征春、夏、秋、冬四季。头至尾全长8尺，象征立春、春分、立夏、夏至、立秋、秋分、立冬、冬至8个节气。牛尾长1.2尺，表示一年12个月。

迎春以后，要举行"鞭春"，用意在于鞭策春牛，辛勤耕耘，结果却是将土牛击碎。唐宋时期，打春完毕，土块散地，围观的百姓争着拾取。得到土块，就像得到芒牛肉，拿回家去，"其家宜蚕，亦治病"。

迎春活动还需要制作春幡，表示迎来了春天的一种庆贺。春幡，民间一般都是彩纸剪成小旗，也有剪成春蝶、春钱和春胜的，插在头上或缀于花枝。春回大地，透露了人们的喜悦心情。

据说有一年，宋代大文豪苏东坡在立春这天，头上也插了春幡到弟弟子由家去。他的侄子们见了，都笑着说："伯伯老人家也插春幡哩！"

由此也可以看出，我国的一些有关农事的节令，不少都带有娱乐活动，不乏勉农、劝农，而又以喜闻乐见的形式，能为大众接受。

至清代，立春这天的活动，内容更加丰富，范围扩大，民间也积极参与，形成了一个重要的节日庆典。《清会典事例·礼部·授时》和《燕京岁时记·打春》较为详细地记载了立春的活动情况：

立春前一天，顺天府官员要到东直门外的春场去迎春。所谓"春场"，不过是在郊外选上一块空地，临时搭起彩棚，里面放置了事先做妥的春山宝座、土牛等，待官员们到彩棚进行迎春仪式以后，便将春山宝座等送到礼部。

至立春之日，各部官员都要穿戴朝见皇帝的朝服，生员们都穿戴官吏的礼服。生员们从礼部抬着春山宝座、土牛等，由天文生引导，从长安左门、天安门、端门一直进到午门前。

这时，大兴、宛平两县的县令早已将安放春山宝座的案桌陈设在午门外正中央。生员们进来，便将宝座放在桌上。

待礼部堂官及顺天府尹和府丞率领属员全部到齐，钦天监候时官宣布立春时刻，生员们又抬起案桌，由礼部官前引，礼部堂官、顺天府尹和府丞后随，从午门中门进昭德门，到后左门外停

下。由内监出来接抬宝座，礼部官前引，礼部堂官及顺天府尹府丞跟从，到了乾清门，这时，所有官员都不准进去了。

在内监将宝座抬进乾清宫的同时，顺天府呈上《春牛图》，推测当年的收成情况。礼毕回到顺天府。

至于各地县府，都在立春前一天，在官署前陈设迎春牛座，第二天以红绿鞭打或用杖击春牛。不过，打击春牛的人，也有装扮成春官如牧童模样的。

雨水，表示两层意思，一是天气回暖，降水量逐渐增多了；二是在降水形式上，雪渐少了，雨渐多了。雨水节气前后，万物开始萌动，春天就要到了。

古代川西一带在雨水这天，民间有一项特具风趣的活动叫"拉保保"。保保是干爹。

以前人们都有一个为自己儿女求神问卦的习惯，看看自己儿女命相如何，需不需要找个干爹。而找干爹的目的，则是为了让儿子或女儿顺利，健康地成长。于是便有了雨水节拉保保的活动。此举年复一年，久而成为一方之俗。

雨水节拉干爹，意取"雨露滋润易生长"之意。川西民间这天有个特定的拉干爹的场所。这天不管天晴下雨，要拉干爹的父母手提装好酒菜香蜡纸钱的篼篼，带着孩子在人群中穿来穿去找准干爹对象。

如果希望孩子长大有知识就拉一个文人做干爹；如果孩子身体瘦弱就拉一个身材高大强壮的人做干爹。一旦有人被拉着当"干爹"，有的能挣掉就跑了，有的扯也扯不脱身，大多都会爽快地答应，也就认为这是别人信任自己，因而自己的命运也会好起来的。

拉到后拉者连声叫道："打个干亲家"，就摆好带来的下酒菜、焚香点蜡，叫孩子"快拜干爹，叩头"；"请干爹喝酒吃菜"，"请干亲家给娃取个名字"，拉保保就算成功了。分手后也有常年走动的称为"常年干亲家"，也有分手后就没有来往的叫"过路干亲家"。

雨水节的另一个主要习俗是女婿给岳父岳母送节。送节的礼品则通常是两把藤椅，上面缠着1.2丈长的红带，这称为"接寿"，意思是祝岳父岳母长命百岁。

送节的另外一个典型礼品就是"罐罐肉"：用砂锅炖了猪脚和雪山大豆、海带，再用红纸、红绳封了罐口，给岳父岳母送去。这是对辛辛苦苦将女儿养育成人的岳父岳母表示感谢和敬意。

如果是新婚女婿送节，岳父岳母还要回赠雨伞，让女婿出门奔波，能遮风挡雨，也有祝愿女婿人生旅途顺利平安的意思。

在川西民间，雨水节是一个非常富有想象力和人情味的节气。这天不管下雨不下雨，都充满一种雨意蒙蒙的诗情画意。

　　早晨天刚亮，雾蒙蒙的大路边就有一些年轻妇女，手牵了幼小的儿子或女儿，在等待第一个从面前经过的行人。

　　而一旦有人经过，也不管是男是女，是老是少，拦住对方，就把儿子或女儿按捺在地，磕头拜寄，给对方做干儿子或干女儿。这在川西民间称为"撞拜寄"，即事先没有预定的目标，撞着谁就是谁。

　　"撞拜寄"的目的，则是为了让儿女顺利、健康地成长。当然"撞拜寄"现在一般只在农村还保留着这一习俗，城里人一般或朋友或同学或同事相互"拜寄"子女。

　　雨水节回娘屋是流行于川西一带的另一项风俗。民间到了雨水节，出嫁的女儿纷纷带上礼物回娘家拜望父母。生育了孩子的妇女，必须带上罐罐肉、椅子等礼物，感谢父母的养育之恩。

　　久不怀孕的妇女，则由母亲为其缝制一条红裤子，穿到贴身处，据说，这样可使其尽快怀孕生子。此项风俗现仍在农村流行。

惊蛰，是立春以后天气转暖，春雷初响，惊醒了蛰伏在泥土中冬眠的各种昆虫的时期，此时过冬的虫卵也将开始孵化，由此可见"惊蛰"是反映自然物候现象的一个节气。因此惊蛰期间，各地民间均有不同的除虫仪式。

客家民间以"炒虫"方式，达到驱虫的功利目的。其实"虫"就是玉米，是取其象征意义。

在少数民族地区，如广西壮族自治区金秀的瑶族，在惊蛰时家家户户要吃"炒虫"。"虫"炒熟后，放在厅堂中，全家人围坐一起大吃，还要边吃边喊："吃炒虫了，吃炒虫了！"尽兴处还要比赛，谁吃得越快，嚼得越响，大家就来祝贺他为消灭害虫立了功。

古时惊蛰当日，人们会手持清香、艾草，熏家中四角，以香味驱赶蛇、虫、蚊、鼠和霉味，久而久之，渐渐演变成驱赶霉运的习惯。

春分这一天阳光直射赤道，昼夜几乎相等，其后阳光直射位置逐渐北移，开始昼长夜短。

春分是个比较重要的节气，南北半球昼夜平分，同时我国除青藏高原、东北、西北和华北北部地区外都进入明媚的春天，在辽阔的大地上，杨柳青青、莺飞草长、小麦拔节、油菜花香。

在每年的春分这一天，世界各地都会有数以千万计的人在做"竖

蛋"试验。这一被称之为"中国习俗"的玩意儿,何以成为"世界游戏",目前尚难考证。不过其玩法确简单易行而且富有趣味。

选择一个光滑匀称、刚生下四五天的新鲜鸡蛋,轻手轻脚地在桌子上把它竖起来。虽然失败者颇多,但成功者也不少。

春分成了竖蛋游戏的最佳时光,故有"春分到,蛋儿俏"的说法。竖立起来的蛋儿好不风光!

春分这一天为什么鸡蛋容易竖起来?虽然说法颇多,但其中的科学道理真不少。首先,春分是南北半球昼夜都一样长的日子。呈66.5度倾斜的地球地轴与地球绕太阳公转的轨道平面处于一种力的相对平衡状态,有利于竖蛋。

其次,春分正值春季的中间,不冷不热,花红草绿,人心舒畅,思维敏捷,动作利索,易于竖蛋成功。

更重要的是,鸡蛋的表面高低不平,有许多突起的"小山"。"山"高0.03毫米左右,山峰之间的距离在0.5毫米至0.8毫米之间。

根据三点构成一个三角形和决定一个平面的道理，只要找到3个"小山"和由这3个"小山"构成的三角形，并使鸡蛋的重心线通过这个三角形，那么这个鸡蛋就能竖立起来了。

此外，之所以要选择生下后四五天的鸡蛋，这是因为此时鸡蛋的卵磷脂带松弛，蛋黄下沉，鸡蛋重心下降，有利于鸡蛋的竖立。

昔日，岭南的开平苍城镇有个不成节的习俗，叫作"春分吃春菜"。"春菜"是一种野苋菜，乡人称之为"春碧蒿"。

逢春分那天，全村人都去采摘春菜。在田野中搜寻时，多见是嫩绿的，细细棵，约有巴掌那样长短。采回的春菜一般家里与鱼片"滚汤"，名称"春汤"。

有顺口溜道："春汤灌脏，洗涤肝肠。阖家老少，平安健康。"一年自春，人们祈求的还是家宅安宁，身壮力健。

春分时还有挨家送春牛图的。其图是把两开红纸或黄纸印上全年农历节气，印上农夫耕田图样，送图者都是些民间善言唱者，主要说些春耕和吉祥不违农时的话，每到一家更是即景生情，见啥说啥，说得主人乐而给钱为止。

言词虽随口而出，却句句有韵动听。俗称"说春"，说春人便叫"春官"。

春分这一天，农民都按习俗放假，每家都要吃汤圆，而且还要把不用包心的汤圆10多个或二三十个煮好，用细竹叉扦着放到田边地坎，名称"粘雀子嘴"，免得雀子来破坏庄稼。

春分期间还是孩子们放风筝的好时候。尤其是春分当天，甚至大人们也参与。风筝类别有王字风筝、鲢鱼风筝、雷公虫风筝、月儿光风筝等。放时还要相互竞争，看哪个放得高。

二月春分，开始扫墓祭祖，也叫"春祭"。扫墓前先要在祠堂举行隆重的祭祖仪式，杀猪、宰羊，请鼓手吹奏，由礼生念祭文，带引行三献礼。

春分扫墓开始时，首先扫祭开基祖和远祖坟墓，全族和全村都要出动，规模很大，队伍往往达几百甚至上千人。祖墓扫完之后，然后分房扫祭各房祖先坟墓，最后各家扫祭家庭私墓。

大部分客家地区春季祭祖扫墓，都从春分或更早一些时候开始，最迟清明要扫完。各地有一种说法，意思是清明后墓门就关闭，祖先英灵就受用不到了。

清明是春季的第五个节气，共有15天。清明的意思是清淡明智。作为节气的清明，时间在春分之后。这时冬天已去，春意盎然，天气清朗，四野明净，大自然处处显示出勃勃生机。

用"清明"称这个时期，是再恰当不过的一个词。"清明时节雨纷纷，路上行人欲断魂。"唐代著名诗人杜牧的千古名句，生动勾勒出"清明雨"的图景。

谷雨是春季的最后一个节气。谷雨节气的到来意味着寒潮天气基本结束，气温回升加快，大大有利于谷类农作物的生长。

谷雨以后气温升高，病虫害进入高繁衍期，为了减轻病虫害对作物及人的伤害，农家一边进田灭虫，一边张贴谷雨帖，进行驱凶纳吉的祈祷。

渔家流行谷雨祭海，谷雨时节正是春海水暖之时，百鱼行至浅海地带，是下海捕鱼的好日子。俗话说"骑着谷雨上网场"。为了能够出海平安、满载而归，谷雨这天渔民要举行海祭，祈祷海神妈祖保佑。

古时有"走谷雨"的风俗，谷雨这天青年妇女走村串亲，或者到野外走走，寓意与自然相融合，强身健体。

南方有谷雨采茶的习俗。传说谷雨这天的茶喝了会清火、辟邪、明目等。所以谷雨这天不管是什么天气，人们都会去茶山采摘一些新茶回来喝。

北方有谷雨食香椿的习俗。谷雨前后是香椿上市的时节，这时的香椿醇香爽口营养价值高。谷雨之后，天气进一步转暖，人们开始热衷于户外活动，郊游、踏青以及蹴鞠等。

拓展阅读

在北方，立春讲究吃春饼。最早的春饼是用麦面烙制或蒸制的薄饼，食用时，常常和用豆芽、菠菜、韭黄、粉丝等炒成的合菜一起吃，或以春饼包菜食用。传说吃了春饼和其中所包的各种蔬菜，会使农苗兴旺、六畜茁壮。

随着时间的推移，有了春卷与春饼之说。春卷与春饼，其实只是两种做法不同的面皮，虽然薄厚不同，但吃法相似，都是卷上各种蔬菜和肉一起吃，只是北方人更多地喜欢吃春饼，江南人更愿意吃春卷。

夏季岁时习俗的流传

夏季节气共有6个，分别为立夏、小满、芒种、夏至、小暑和大暑。

夏季岁时习俗有演小满戏、送花神、安苗活动、煮青梅、称人体重、烹制新茶、吃伏羊等。古人会举行各种仪式，来度过整个夏季的每一个节气。

在北方，夏季是户外活动最频繁的季节。

《礼记·月食》记载，周代每逢立夏这一天，皇帝必亲自带领公卿大夫到京城南郊迎夏，并举行祭祀炎帝祝融的隆重典仪。

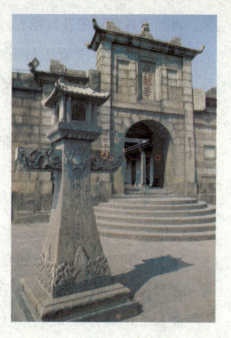

皇帝迎立夏于南郊，原本是一种祭祀。因为南是祝融的方位，属火，祝融本身就是火神。

这种迎夏礼，为历代王朝所承传。帝王的迎夏仪式，可谓正式而隆重。据《岁时佳节记趣》一书记载，先秦时各代帝王在立夏这天，都要亲率文武百官到郊区举行迎夏仪式。

君臣一律身着朱色礼服，佩带朱色玉饰，乘坐赤色马匹和朱红色的车子，连车子的旗帜也是朱红色的。这种红色基调的迎夏仪式，强烈表达了古人渴求五谷丰登的美好愿望。

后来，古人立夏习俗有了变化。在明代，一到立夏这天，朝廷掌管冰政的官员就要挖出冬天窖存的冰块，切割分开，由皇帝赏赐给官员。其实，皇帝立夏赐冰，并非起于明代，两宋时期皇帝立夏赐冰给群臣就已经成为一项惯例和习俗。

民间为了迎接夏日的到来，也会举行各种有趣的活动。这些趣味盎然的活动，逐渐形成了许多传统习俗，一些风俗甚至保留至今。

南方人有的地方有尝三鲜的习俗。三鲜分地三鲜、树三鲜、水三鲜。有的地方还有吃霉豆腐的习俗，寓意吃了霉豆腐就不会倒霉。

有的地方立夏必吃"七家粥"，七家粥是汇集了左邻右舍各家的米，再加上各色豆子及红糖，煮成一大锅粥，由大家来分食。

在我国北方，立夏正是小麦上场时节，因此北方大部分地区立夏日，有制作面食的习俗，意在庆祝小麦丰收。立夏的面食主要有夏饼、面饼和春卷。

我国素以农立国，春天插秧是禾稷的肇始，至夏天，除草、耘田，亦是重要的农事活动，否则难有秋获冬藏的好收成，所以各朝各代十分重视这个节气。

民间在立夏日，以祭神享先，尝新馈节以及称人、烹茶等活动为主。尝新，即品尝时鲜，如夏收麦穗、金花菜、樱桃、李子、青梅等。先请神明、祖先享用，然后亲友、邻里之间互相馈赠。

立夏烹制新茶，是宋元时期以来的习俗，实际上是民间茶艺比赛。家家选用好茶，辅料调配，汲来活水，升炉细烹，茶中还掺上茉莉、桂芯、蔷薇、丁檀、苏杏等，搭配细果，与邻里互相赠送，互相品尝。

一些富豪人家还借此争奢斗阔，用名窑精瓷茶具盛茗，将水果雕刻成各种形状，以金箔进行装饰，放在茶盘里奉献。文人墨客则要举办"斗茶会"，品茶食果，分韵赋诗，以示庆贺。

至今，一些地方仍流传在立夏日，吃"立夏蛋"，吃螺蛳，吃"五虎丹"：红枣、黑枣、胡桃、桂圆、荔枝，是尝新古风的遗存。

作为二十四节气之一的

小满，它的本意是指麦类等夏熟作物灌浆乳熟，籽粒开始饱满。但还没有完全成熟，故称"小满"。

小满前后的民俗节庆，在我国台湾省南北各有不同，南部最大的是王爷庙，李王爷诞辰大典；北部是神农大帝生日，神农大帝就是传说中的神农氏，也叫"五谷王"。

小满节相传为蚕神诞辰，所以在这一天，我国以养蚕称著的江浙一带，小满戏非常热闹。

小满戏成为具有行业特征的社会性民俗活动。相传农历小满节为蚕神生日，而蚕花娘子是其中之一，他们要纪念这蚕花娘子，并且希望蚕花娘子保佑四乡农民所养的蚕有丰满的收成。

古代，太湖流域为我国主要蚕丝产区。明清时期以来，江浙两省崛起诸多丝绸工商市镇，民间崇拜蚕神等丝绸行业习俗十分盛行。

各蚕丝产区市镇如江苏省的盛泽、震泽，浙江省的王江泾、濮院、王店、新塍等皆建有先蚕祠或蚕皇殿之类的蚕神祠庙，供奉蚕神以祈丰收。

小满节时值初夏，蚕茧结成，正待采摘缲丝，栽桑养蚕是江南农村的传统副业，家蚕全身是宝，及乡民的衣食之源，人们对它充满期待的感激之情。于是这个节日便充满着浓郁的丝绸民俗风情。

芒种已近农历五月间，百花开始凋残、零落，民间多在芒种日举行祭祀花神仪式，饯送花神归位，同时表达对花神的感激之情，盼望来年再次相会。

此俗今已不存，但从著名小说家曹雪芹的《红楼梦》第二十七回中可窥见一斑：

> 那些女孩子们，或用花瓣柳枝编成轿马的，或用绫锦纱罗叠成千旄旌幢的，都用彩线系了。每一棵树上，每一枝花上，都系了这些物事。满园里绣带飘飘，花枝招展，更兼这些人打扮得桃羞杏让，燕妒莺惭，一时也道不尽。

"千旄旌幢"中"千"即盾牌；旄，旌，幢，都是古代的旗子，旄是旗杆顶端缀有牦牛尾的旗，旌与旄相似，但不同之处在于它由五彩折羽装饰，幢的形状为伞状。由此可见大户人家芒种节为花神饯行的热闹场面。

安苗活动是皖南的农事习俗，始于明代初期。每至芒种时节，种完水稻，为祈求秋天有个好收成，各地都要举行安苗祭祀活动。

家家户户用新麦面蒸发包，把面捏成五谷六畜、瓜果蔬菜等形状，然后用蔬菜汁染上颜色，作为祭祀供品，祈求五谷丰登、村民平安。

夏至是个重要节气，也有很多习俗。据宋代《文昌杂录》里记载，宋代的官方要放假3天，让百官回家休息，好好地洗澡、娱乐。《辽史·礼志》中说："夏至日谓之'朝节'，妇女进彩扇，以粉脂囊相赠遗。"彩扇用来纳凉，香囊可除汗臭。这一天，各地的农民忙着祭天，北求雨，南祈晴。

浙江金华地区有祭田公、田婆之俗，即祭土地神，祈求农业丰收。为防止害虫发生夏至节。

夏至共十五天，其中上时三天，二时五天，末时七天，此时最怕下雨。而在多旱的北方则流行求雨风俗，主要有京师求雨、龙灯求雨等，祈求风调雨顺。但是，当雨水过多以后，人们又利用巫术止雨，如民间剪纸中的扫天婆就是止雨巫术。有些地方把本来是巫术替身的扫晴娘也奉为止雨求晴之神。

过去在农历六月二十四日，还祭祀二郎神，即李冰次子，因为民间供奉他为水神，以祈求风调雨顺。天旱了，请二郎神降雨；雨多了，请二郎神放晴。

时至今日，各地仍然保留有各种趣味盎然的夏至节日食俗。

夏至日照最长，故绍兴有"嬉，要嬉夏至日"之俚语。古时，人们不分贫富，夏至日皆祭其祖，俗称"做夏至"，除常规供品外，特加一盘蒲丝饼。其时，夏收完毕，新麦上市，因有吃面尝新习俗，谚语说"冬至馄饨夏至面"。也有做麦糊烧的，即以麦粉调糊，摊为薄饼烤熟，寓意尝新。

我国西北地区如陕西，夏至食粽，并取菊为灰用来防止小麦受虫害。而在南方，此日秤人以验肥瘦。农家擀面为薄饼，烤熟，夹以青菜、豆荚、豆腐及腊肉，祭祖后食用或赠送亲友。

"冬至饺子夏至面"，好吃的北京人在夏至这天讲究吃面。按照老北京的风俗习惯，每年一到夏至节气就可以吃生菜、凉面了，因为这个时候气候炎热，吃些生冷之物可以降火开胃，又不至于因寒凉而损害健康。

在小暑这一节气里，民谚有"头伏萝卜二伏菜，三伏还能种荞麦"，"头伏饺子，二伏面，三伏烙饼摊鸡蛋"之说。这些都是有关小暑饮食的。

伏天是一年中气温最高、潮湿、闷热的日子，一年有"三伏"。百姓说的"苦夏"就在此时。

入伏的时候，恰是麦收不足一个月的时候，家家谷满仓，又因为每逢伏天，人精神委顿，食欲不佳，而饺子是传统食品中开胃解馋的佳品，所以人们利用这个机会，打打牙祭，吃顿白面。

伏日吃面食，这一习俗至少三国时期就已经开始了。据《魏氏春秋》记载，三国时期玄学家何晏在"伏日食汤饼，取巾拭汗，面色皎然"，人们才知道何晏肌肤白皙不是涂粉掩饰，而是自然白。这里的"汤饼"就是热汤面。

大暑节气的民俗体现在吃的方面，这一时节饮食习俗大致分为两种：一种是吃凉性食物消暑。如粤东南地区就流传着一句谚语："六月大暑吃仙草，活如神仙不会老。"

与此相反的是，有些地方的人们习惯在大暑时节吃热性食物。如福建莆田人要吃荔枝、羊肉和米糟来"过大暑"。

湘中、湘北素有一种传统的进补方法，就是大暑吃童子鸡。湘东南还有在大暑吃姜的风俗，"冬吃萝卜夏吃姜，不需医生开药方"。

拓展阅读

立夏称人的体重，此俗兴于南方，据说起源于三国时的蜀国。刘备去世以后，诸葛亮为了保存刘氏血脉，就把刘备的儿子阿斗交给赵子龙，让他送往江东，请在江东的刘备的继室孙夫人代养。这一天，正是二十四节气中的立夏。

孙夫人当着赵子龙的面给阿斗称了体重，悉心养护。后来，每年立夏这一天都称一次，看看孩子体重增长多少。此后便流传开来，成为立夏称人的习俗。当然，立夏称人体重的起源，还有其他的说法。

秋季岁时习俗的继承

秋季节气共有6个，分别为立秋、处暑、白露、秋分、霜降和寒露。

秋季节俗形态从古至今发生了重大变化。明月依旧，人心已非。一部中秋节俗形态演变史，也就是一部我国民众心态的变迁史。

在我国古代，秋季也是最繁忙的季节，人们要及时收获、储藏粮食，还要狩猎、捕鱼、腌制食品等。

"立秋"，对古人来说可是个大节气，人们要举行各种仪式，来欢迎这个成熟丰收的季节。

古代帝王家的迎秋仪式，可谓正式而隆重。早在周代，逢立秋之日，天子便亲率三公九卿诸侯大夫，到京城西郊祭祀迎秋。

汉代继承这种习俗，天子去西郊迎秋，要射杀猎物祭祀。《后汉书·祭祀志》记载："立秋之日，迎秋于西郊……杀兽以祭，表示秋来扬武之意。"

至唐代，每逢立秋日，也祭祀五帝。《新唐书·礼乐志》记载："立秋立冬祀五帝于四郊。"

宋代时，宫廷中殿要种一棵梧桐树，立秋这天要把栽在盆里的梧桐移入殿内。民间习俗有摸秋游戏。

这天夜里婚后尚未生育的妇女，在小姑或其她女伴的陪同下，到田野瓜架、豆棚下，暗中摸索摘取瓜豆，故名"摸秋"。俗谓摸南瓜，易生男孩；摸扁豆，易生女孩；摸到白扁豆更吉利，除生女孩外，还是白头到老的好兆头。

按照风俗，是夜瓜豆任人采摘，田园主人不得责怪。姑嫂归家再迟，家长也不许非难。人们视"摸秋"为游戏，不作偷盗行为论处。过了这一天，家长要约束孩子，不准到瓜田里拿人家的一枝一叶。

秋忙会一般在农历七八月举行，是为了迎接秋忙而作准备的经营

贸易大会。有与庙会活动结合起来举办的，也有单一为了秋忙而举办的贸易大会。其目的是为了交流生产工具，变卖牲口，交换粮食以及生活用品等。

秋忙会设有骡马市、粮食市、农具生产市、布匹、京广杂货市等。过会期间还有戏剧演出、跑马、耍猴等文艺节目助兴。

秋忙开始，农村普遍有"秋收互助"的习俗，你帮我我帮你，三五成群去田间抢收。既不误农时，又能颗粒归仓。

秋忙前后，农事虽忙，秋种秋收，忙得不亦乐乎，但忙中也有乐趣。一些青年人和10余岁的孩子，在包谷、谷子、糜子生长起来以后，特别是包谷长成一人高，初结穗儿的时候，田间里正是他们玩耍、游戏的场所。

他们把嫩包谷穗掰下来，在地下挖一孔土窑，留上烟囱，就是一个天然的土灶，然后把嫩包谷穗放进去，到处拾柴火，包谷顶花就是很好的燃料，加火去烧。一会儿，全窑的包谷穗全被烧熟了，丰硕的包谷宴就在田间举行。

他们还把弄来的柿子、红苕，放在土窑洞里，温烧一个时辰，就会变成香甜的柿子。这种秋田里的乐趣，一代一代地传承下来。

民以食为天。秋风一起，胃口大开，想吃点好的，增加一点营养，补偿夏天的损失，补的办法就是"贴秋膘"：在立秋这天各种各样的肉，炖肉、烤肉、红烧肉等，"以肉贴膘"。

"啃秋"在有些地方也称为"咬秋"。天津讲究在立秋这天吃西瓜或香瓜，称"咬秋"，寓意炎炎夏日酷热难熬，时逢立秋，将其咬住。

江苏省等地也在立秋这天吃西瓜以"咬秋"，据说可以不生秋痱子。在浙江等地，立秋日取西瓜和烧酒同食，民间认为可以防疟疾。

城里人在立秋当日买个西瓜回家，全家围着啃，就是啃秋了。而农人的啃秋则豪放得多。他们在瓜棚里，在树阴下，三五成群，席地而坐，抱着红瓤西瓜啃，抱着绿瓤香瓜啃，抱着白生生的山芋啃，抱着金灿灿的玉米棒子啃。啃秋抒发的，实际上是一种丰收的喜悦。

秋社原是秋季祭祀土地神的日子，始于汉代，后世将秋社定在立秋后第五个戊日。此时收获已毕，官府与民间皆于此日祭神答谢。

宋代秋社有食糕、饮酒、妇女归宁之俗。唐代诗人韩偓《不见》诗："此身愿做君家燕，秋社归时也不归。"在一些地方，至今仍流传有"做社"、"敬社神"、"煮社粥"的说法。

处暑节气前后的民俗多与祭祖及迎秋有关。处暑前后民间会有庆赞中元的民俗活动，俗称"做七月半"或"中元节"。

旧时民间从七月初一起，就有开鬼门的仪式，直至月底关鬼门止，都会举行普度布施活动。

据说普度活动由开鬼门开始，然后竖灯篙，放河灯招孤魂；而主体则在搭建普度坛，架设孤棚，穿插抢孤等行事，最后以关鬼门结束。时至今日，已成为祭祖的重大活动时段。

河灯也叫"荷花灯"，一般是在底座上放灯盏或蜡烛，中元夜放在江河湖海之中，任其漂泛。放河灯是为了普度水中的落水鬼和其他孤魂野鬼。据说这一天若是有个死鬼托着一盏河灯，就得托生。

对于沿海渔民来说，处暑以后渔业收获的时节，每年处暑期间，在沿海有的地方要举行隆重的开渔节，欢送渔民开船出海。

这时海域水温依然偏高，鱼群还是会停留在海域周围，鱼虾贝类发育成熟。因此，从这一时间开始，人们往往可以享受到种类繁多的海鲜。

老鸭味甘性凉，因此民间有处暑吃鸭子的传统。做法也五花八门，有白切鸭、柠檬鸭、子姜鸭、烤鸭、荷叶鸭、核桃鸭等。

北京至今还保留着这一传统，一般处暑这天，北京人都会到店里去买处暑百合鸭等。

白露实际上是天气转凉的象征。白露时节是太湖人祭禹王的日子。禹王是传说中的治水英雄大禹，太湖畔的渔民称他为"水路菩萨"。每年正月初八、清明、七月初七和白露时节，这里将举行祭禹王的香会，其中又以清明、白露春秋两祭的规模为最大，历时一周。

秋分曾是传统的"祭月节"。如古有"春祭日，秋祭月"之说。现在的中秋节则是由传统的"祭月节"而来。

据考证，最初"祭月节"是定在"秋分"这一天，不过由于这一天在农历八月里的日子每年不同，不一定都有圆月。而祭月无月则是大煞风景的。所以，后来人们就将"祭月节"由"秋分"调至中秋。

据《礼记》记载："天子春朝日，秋夕月。朝日之朝，夕月之夕。"这里的夕月之夕，指的正是夜晚祭祀月亮。

早在周代，古代帝王就有春分祭日、夏至祭地、秋分祭月、冬至祭天的习俗。祭祀场所称为"日坛"、"地坛"、"月坛"、"天坛"。分设在东南西北4个方向。北京的月坛就是明清时期皇帝祭月的地方。

这种风俗不仅为朝廷及上层贵族所奉行，随着社会的发展，也逐

渐影响到民间。

霜降时节，各地都有一些不同的风俗，在霜降节气，百姓们自然也有自己的民趣民乐。

在我国的一些地方，霜降时节要吃红柿子，在当地人看来，这样不但可以御寒保暖，同时还能补筋骨，是非常不错的霜降食品。

闽南民间在霜降的这一天，要进食补品，也就是我们北方常说的"贴秋膘"。在闽南有一句谚语叫"一年补通通，不如补霜降"。从这句句小小的谚语就充分地表达出闽台民间对霜降这一节气的重视。每到霜降时节，闽台地区的鸭子就会卖得非常火爆。

霜降节在民间也有许多讲究以祛凶迎祥，求得生活顺利、庄稼丰收。例如山东省烟台等地，有霜降节西郊迎霜的做法；而广东省高明一带，霜降前有"送芋鬼"的习俗。

当地小孩以瓦片垒塔，在塔里放柴点燃，待到瓦片烧红后，毁塔以煨芋，叫做"打芋煲"。随后将瓦片丢至村外，称作"送芋鬼"，以辟除不祥，表现了人们朴素的吉祥观念。

重阳节登高的习俗由来已久。由于重阳节在寒露节气前后，寒露节气宜人的气候又十分适合登山，慢慢地重阳节登高的习俗也成了寒露节气的习俗。

北京人登高习俗更盛，景山公园、八大处、香山等都是登高的好地方，重九登高节，更会吸引众多的游人。

九九登高，还要吃花糕，因"高"与"糕"谐音，故应节糕点谓之"重阳花糕"，寓意"步步高升"。

花糕主要有"糙花糕"、"细花糕"和"金钱花糕"。粘些香菜叶以为标志，中间夹上青果、小枣、核桃仁之类的干果。细花糕有三层两层不等，每层中间都夹有较细的蜜饯干果，如苹果脯、桃脯、杏脯、乌枣之类。

寒露与重阳节接近，此时菊花盛开，菊花为寒露时节最具代表性的花卉，处处可见到它的踪迹。

为除秋燥，某些地区有饮"菊花酒"的习俗。菊花酒是由菊花加糯米、酒曲酿制而成，古称"长寿酒"，其味清凉甜美，有养肝、明目、健脑、延缓衰老等功效。

登高山、赏菊花，成了这个节令的雅事。这一习俗与登高一起，渐渐移至重阳节。

拓展阅读

南朝梁时期史学家吴均在《续齐谐记》中记载了这样一个故事：

东汉方士费长房颇擅仙术，能知人间祸福。一天，他对其徒汝南桓景说，九月初九，你全家有难，但如能给每人做一红布袋，装上茱萸系在手臂上，然后去登高，并在山间饮菊花酒，即可幸免于难。

桓景照办，果真初九晚间，全家从山上回来后，见家中鸡、犬、牛、羊俱已暴死。事后，费长房告知，此乃家畜代为受祸。

这种神奇故事经过传播，便形成了重阳节登高的习俗。

冬季岁时习俗的嬗变

冬季节气共有6个，分别为立冬、小雪、大雪、冬至、小寒和大寒。

冬季岁时习俗有冬学、拜师活动，有放牛娃的有趣活动，还有腌腊肉、吃糍粑、晒鱼干、吃煲汤、做腊八粥、腌制年肴、尾牙祭等饮食习俗。

我国北方的冬季，虽然白雪茫茫，但户外活动依然很丰富，有狩猎、赶集，孩子们踢毽子、滑冰等。

张仲景

相传东汉时期末年，"医圣"张仲景曾任长沙太守，这一年冬至这一天，他看见南阳的老百姓饥寒交迫，两只耳朵纷纷被冻伤。

当时伤寒流行，病死的人很多，于是张仲景总结了汉代300多年的临床实践，在当地搭了一个医棚，支起一面大锅，煎熬羊肉、辣椒和祛寒提热的药材，用面皮包成耳朵形状，煮熟之后连汤带食赠送给穷人。

老百姓从冬至吃到除夕，抵御了伤寒，治好了冻耳。

从此，乡里人与后人就模仿制作，称之为"饺耳"或"饺子"，也有一些地方称"扁食"或"烫面饺"。而冬至吃饺子的习俗就流传下来了。

其实，立冬时节的习俗不单单是吃饺子。东汉大尚书崔寔《四民月令》："冬至之日进酒肴，贺谒君师耆老，一如正日。"宋代每逢此日，人们更换新衣，庆贺往来，一如年节。

有些贺冬或称拜冬的活动，逐渐固定化、程式化、更有普遍性。如办冬学、拜师活动，都在冬季举行。

冬天夜里最长，而且又是农闲季节，在这个季节办"冬学"是最好的时间。

古代冬学非正规教育，有各种性质：如"识字班"，招收成年男女，目的在于扫盲；"训练班"招收有一定专长的人，进行专业知识训练，培养人才；"普通学习班"主要是提高文化，普及科学技术知识。

冬学的校址，多设在庙宇或公房里。教员主要聘请本村或外村人承担，适当地给予报酬。

冬季里，好多村庄都举行拜师活动，是学生拜望老师的季节。入冬后城镇乡村学校的学董，领上家长和学生，端上方盘，盘中放4碟菜、一壶酒、一只酒杯，提着果品和点心到学校去慰问老师，叫作"拜师"。

立冬节气，有秋收冬藏的含义，我国过去是个农耕社会，劳动了一年的人们，利用立冬这一天要休息一下，顺便犒赏一家人一年来的辛苦。有句谚语"立冬补冬，补嘴空"就是最好的比喻。

南方人在立冬时爱吃些鸡鸭鱼肉。在我国台湾立冬这一天，街头的"羊肉炉"、"姜母鸭"等冬令进补餐厅高朋满座。许多家庭还会炖麻油鸡、四物鸡来补充能量。

在我国北方，特别是北京、天津的人们爱吃饺子。为什么立冬吃饺子？因为饺子是来源于"交子之时"的说法。大年三十是旧年和新年之交，立冬是秋冬季节之交，故"交"子之时的饺子不能不吃。

小雪节气的民俗有腌腊肉、晒鱼干和吃煲汤等。小雪后气温急剧下降，天气变得干燥，是加工腊肉的好时候。小雪节气后，一些农家开始动手做香肠、腊肉等到春节时正好享受美食。

在南方某些地方，还有农历十月吃糍粑的习俗。古时，糍粑是南方地区传统的节日祭品，最早是农民用来祭牛神的供品。有俗语"十月朝，糍粑禄禄烧"，就是指的祭祀事件。

在小雪节气，我国台湾中南部海边的渔民们会开始晒鱼干、储存干粮。乌鱼群会在小雪前后来到台湾海峡，另外还有旗鱼、鲨鱼等。

台湾俗谚"十月豆，肥到不见头"，是指在嘉义县布袋一带，到了农历十月可以捕到"豆仔鱼"。

在大雪时节，鲁北民间有"碌碡顶了门，光喝红黏粥"的说法，意思是天冷不再串门，一家人只在家喝暖呼呼的红薯粥度日。

老南京有句俗语叫"小雪腌菜，大雪腌肉"。大雪节气一到，家家户户忙着腌制"咸货"。

将大盐加八角、桂皮、花椒、白糖等入锅炒熟，待炒过的花椒盐凉透后，涂抹在鱼、肉和光禽内外，反复揉搓。直至肉色由鲜转暗，表面有液体渗出时，再把肉连剩下的盐放进缸内，用石头压住，放在阴凉背光的地方，半月后取出，将腌出的卤汁入锅加水烧开，撇去浮沫，放入晾干的鱼、肉等10天后取出，挂在朝阳的屋檐下晾晒干，以迎接新年。

冬至是我国一个很重要的节气。俗话说："冬至大似年"。在古代，冬至非常重要，人们一直是把冬至当作另一个新年来过。

冬至这天，君主们都不过问国家大事，而要听5天音乐，朝廷上下都要放假休息，军队待命，边塞闭关，商旅停业，亲朋各以美食相赠，相互拜访，欢乐地过一个"安身静体"的节日。

由于古代礼天崇阳，因此，冬至祭天是历代王朝都很重视的活动。据《梦粱录》记载，冬至到了，皇帝要到皇城南郊圜丘祭天，在祭天前皇帝要先行斋戒。

除此之外，冬至那一天的朝会也很热闹，百官和外藩使者都要来参加这隆重的朝会。届时，文武官员要整齐地排列在殿中，宋代时俗称"排冬仪"。

皇帝驾临前殿，接受朝贺，其仪式和元旦时一样。这也正是《汉书》中所说的："冬至阳气起，君道长，故贺。"

古人认为，过了冬至，白昼一天比一天长，阳气上升，是一个吉日，所以值得庆贺。《后汉书》、《晋书》等史籍中都有"冬至贺冬"的记载。尤其到了唐宋时期，这一习俗尤为盛行。

据《东京梦华录》记载："十一月冬至，京师最重此节，虽至贫者，一年之间，积累假借，至此日更易新衣，备办饮食，祭祀先祖，财神等。"

到了立冬这一天，车马喧嚷，街巷拥挤，行人往来不绝。明清两代交替之际，虽曾一度废止，但清代以后直至近世，民间仍有冬至节之俗。

立冬是十月的大节，汉魏时期，这天天子要亲率群臣迎接冬气，对为国捐躯的烈士及其家小进行表彰与抚恤，请死者保护生灵，鼓励民众抵御外族的掠夺与侵袭。

在民间有祭祖、饮宴、卜岁等习俗，以时令佳品向祖灵祭祀，以尽为人子孙的义务和责任，祈求上天赐给来岁的丰年，农民自己也获得饮酒、休息以及娱乐的酬劳。

至小寒时节，也是老中医和中药房最忙的时候，一般入冬时熬制的膏方都吃得差不多了。此时，有的人家会再熬制一点，吃至春节前后。

居民日常饮食也偏重于暖性食物，如羊肉、狗肉，其中又以羊肉汤最为常见，有的餐馆还推出当归生姜羊肉汤。

俗话说，"小寒大寒，冷成冰团"。南京人在小寒季节里有一套地域特色的体育锻炼方式，如跳绳、踢毽子、滚铁环，挤油渣渣、斗鸡等。如果遇到下雪，更是欢呼雀跃，打雪仗、堆雪人。

广州传统，小寒早上吃糯米饭，为避免太糯，一般是60%糯米加40%香米，把腊肉和腊肠切碎，炒熟，花生米炒熟，加一些碎葱白，拌在饭里面吃。

大寒已是农历四九前后，传统的"一九一只鸡"食俗仍被不少市

民家庭所推崇。南京人选择的多为老母鸡，或单炖、或添加参须、枸杞、黑木耳等合炖，寒冬里喝鸡汤真是一种享受。

至腊月，老南京还喜爱做羹食用，羹肴各地都有，做法也不一样，如北方的羹偏于黏稠厚重，南方的羹偏于清淡精致。而南京的羹则取南北风味之长，既不过于黏稠或清淡，又不过于咸鲜或甜淡。

大寒时节，人们开始忙着除旧饰新，腌制年肴，准备年货，因为我国人最重要的节日春节就要到了。其间还有一个对于北方人非常重要的日子腊八，即阴历十二月初八。在这一天，人们用五谷杂粮加上花生、栗子、红枣、莲子等熬成一锅香甜美味的腊八粥，是人们过年中不可或缺的一道主食。

按我国的风俗，特别是在农村，每至大寒节，人们便开始忙着除旧布新，腌制年肴，准备年货。

拓展阅读

每年的农历十月初一，为送寒衣节。在这一天，要特别注重祭奠先亡之人，谓之送寒衣。与春季的清明节，秋季的中元节，并称为一年之中的三大"鬼节"。

民间传说，孟姜女新婚燕尔，丈夫就被抓去修筑万里长城。秋去冬来，孟姜女千里迢迢，历尽艰辛，为丈夫送衣御寒。谁知丈夫却屈死在工地，还被埋在城墙之下。

孟姜女悲痛欲绝，指天哀号呼喊，感动了上天，哭倒了长城，找到了丈夫尸体，用带来的棉衣重新入殓安葬。由此而产生了"送寒衣节"。